Midjourney AI案例实操

摄影+服装+电商产品

张迪 编著

清华大学出版社

北京

内容简介

本书是一本关于 Midjourney AI 软件在艺术创作领域应用的图书。本书通过丰富的案例，详细介绍了如何利用 Midjourney 进行摄影、服装设计和电商产品设计的创作方法。作为比较受欢迎的人工智能工具，Midjourney 可以极大地提高设计效率，转化为极高的商业价值。本书通过各种风格的摄影、服装设计及电商产品设计的案例，讲述 AI 在绘本和插画漫画行业的具体应用。另外，本书还赠送 PPT 课件、视频教学等资源。

本书适合广大设计师快速生成想要的设计图，也适合广大平面设计爱好者，以及相关行业有一定设计经验需要进一步提高图像处理、平面设计水平的从业人员使用，还可作为高校平面设计相关专业的教材用书。

图书在版编目（CIP）数据

Midjourney AI案例实操 ：摄影+服装+电商产品 ／
张迪编著. -- 北京 ：清华大学出版社，2024.8.
ISBN 978-7-302-66442-0

Ⅰ．TP391.413

中国国家版本馆CIP数据核字第20241XK610号

责任编辑： 张　敏
封面设计： 郭二鹏
责任校对： 徐俊伟
责任印制： 丛怀宇

出版发行： 清华大学出版社
　　　　网　　　　址：https://www.tup.com.cn，https://www.wqxuetang.com
　　　　地　　　　址：北京清华大学学研大厦A座　　　邮　　编：100084
　　　　社　总　　机：010-83470000　　　　　　　　邮　　购：010-62786544
　　　　投稿与读者服务：010-62776969，c-service@tup.tsinghua.edu.cn
　　　　质　量　反　馈：010-62772015，zhiliang@tup.tsinghua.edu.cn
　　　　课　件　下　载：https://www.tup.com.cn，010-83470236

印　装　者： 北京博海升彩色印刷有限公司
经　　销： 全国新华书店
开　　本： 185mm×260mm　　　　**印　　张：** 12.75　　　　**字　　数：** 338千字
版　　次： 2024年8月第1版　　　　**印　　次：** 2024年8月第1次印刷
定　　价： 99.00元

产品编号：105075-01

前言
PREFACE

在当今这个科技日新月异的时代，人工智能（Artificial Intelligence，AI）已经渗透人们生活的方方面面，为人们带来了前所未有的便捷和惊喜。在众多 AI 应用领域中，AI 艺术创作无疑是最具创新性和想象力的一环。它不仅能够为艺术家们提供强大的创作工具，还能够为普通人们带来全新的艺术体验。

本书旨在为广大读者提供一个全面了解 AI 艺术创作的平台，让大家能够深入了解 AI 在摄影、服装设计和电子商务（以下简称电商）产品设计等领域的应用，以及如何将这些技术运用到自己的创作中。书中的案例涵盖了从基础的 AI 作图技巧，到复杂的 AI 服装设计，再到独具匠心的 AI 电商产品设计，力求为大家呈现一个丰富多彩的 AI 艺术世界。

本书分为基础技法、摄影技法、服装设计、电商产品设计 4 部分，共 6 章，将从以下几个方面进行介绍：

基础技法（第 1 ~ 3 章）

在这一部分将介绍 Midjourney 的基本生图逻辑，提示词的规则及特定的 AI 表达方法。通过一系列练习帮助读者掌握该软件。

摄影技法（第 4 章）

在这一部分将详细介绍 AI 摄影的灯光设计、视角创作及 AI 图像的生成。我们将通过一系列生动的案例，让大家了解 AI 如何帮助摄影师完成丰富多样的摄影作品。同时，还将为大家分享一些实用的 AI 摄影创作技巧，让每个对摄影创作感兴趣的读者都能够轻松上手，成为 AI 摄影大师。

服装设计（第 5 章）

在这一部分将通过一系列精彩纷呈的案例，让大家了解 AI 如何帮助服装设计师实现更加震撼人心的服装设计作品。通过草图、色彩和设计构思描述生成不同风格的男装、女装和童装，这些应用案例将帮助读者掌握服装的设计规律。

电商产品设计（第 6 章）

在这一部分将通过学习各种氛围、风格、材质、构图等描述词，让读者的 AI 生成图像的水平进一步提高。

在本书的创作过程中，我们深感 AI 技术的神奇和强大。它不仅能够为艺术家提供强大的创作工具，还能够为普通人带来全新的艺术体验。然而，我们也深知，AI 技术的发展仍然面临着许多挑战和困难。因此，我们希望通过这本书，让更多的人了解和关注 AI 艺术创作，共同推动 AI 技术在艺术领域的应用和发展。

附赠资源

本书通过扫描下方二维码，获取 PPT 课件、视频教学、其他资源等素材。

PPT 课件　　　　　　　视频教学　　　　　　　其他资源

本书内容丰富、结构清晰、参考性强，讲解由浅入深且循序渐进，知识涵盖面广又不失细节，非常适合艺术类院校作为相关教材使用。由于作者水平有限，书中错误、疏漏之处在所难免，希望不吝赐教。

苏州城市学院设计与艺术学院

2024 年 4 月

目录
CONTENTS

第1章

AI绘画概述

1.1 AI 绘画的定义与特点

AI 绘画是指利用 AI 技术生成或辅助生成艺术作品的过程。通过训练模型，读者能够学习并模仿艺术家的创作风格和技巧，从而产生具有艺术感的图像。图 1.1 所示为 AI 生成的图像。

图 1.1

1.1.1 了解 AI 绘画

AI 绘画可以简单概括为以下几个步骤。

（1）收集大量的艺术作品数据作为训练样本。这些样本可以包括不同艺术家的作品、不同风格和流派的画作等。通过对这些样本进行深度学习和分析，AI 系统可以提取出艺术家的创作特点和风格。

（2）构建一个神经网络模型来模拟艺术家的创作过程。这个模型通常由多个层次组成，每个层次都负责处理不同的信息。例如，第一层可能负责提取图像的基本特征，如线条、颜色等；第二层可能负责识别图像中的物体或场景；第三层可能负责理解图像所表达的情感或主题等。通过不断调整模型的参数和结构，可以使模型更好地学习和模仿艺术家的创作风格和技巧。

（3）在训练过程中，AI 系统会不断对模型进行优化和迭代。它会根据模型生成的图像与真实艺术作品之间的差异，自动调整模型的参数和权重，使生成的图像更加接近真实的艺术作品。这个过程可以通过反向传播算法来实现，即根据模型生成的图像与真实艺术作品之间的误差，逐层调整模型的参数和权重。

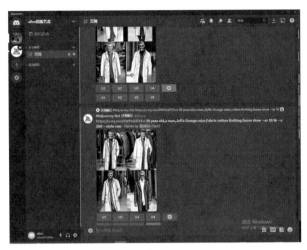

图 1.2

（4）当模型训练完成后，就可以开始生成艺术作品了。这个过程可以通过输入一些随机噪声或特定的提示词来启动。AI 系统会根据模型所学到的创作风格和技巧生成一幅具有艺术感的图像。这个过程可以是实时的（如 Midjourney），如图 1.2 所示，也可以是离线的（如 Stable Diffusion），如图 1.3 所示。

AI 绘画的出现，给艺术创作带来了新的可能性和挑战。一方面，它可以为艺术家提供新的创作工具和灵感来源。通过与 AI 系统的交互，艺术家可以探索新的创作方式和风格，创造出更加独特和个性化的作品。另一方面，AI

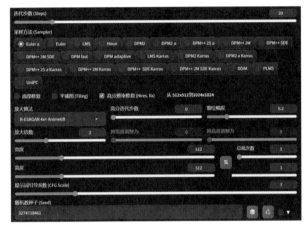

图 1.3

绘画也引发了一些关于艺术创作的伦理和道德问题。例如，AI 生成的艺术作品是否具有真正的创造力？它是否可以被视为一种独立的艺术形式？这些问题需要我们深入思考和探讨。

总的来说，AI 绘画是一种利用人工智能技术生成或辅助生成艺术作品的过程。通过训练模型，使其能够学习并模仿艺术家的创作风格和技巧，从而产生具有艺术感的图像。

1.1.2　AI 绘画的技术特点

AI 绘画作为一项新兴技术，具有数据驱动、生成式模型、迁移学习和图像分割增强等技术特点。这些特点使得 AI 绘画能够生成高质量、多样化的艺术作品，并在艺术创作领域发挥重要作用。

1. AI 绘画的数据驱动

与传统的绘画方式不同，AI 绘画依赖于大量的数据集进行训练。这些数据集包含各种艺术风格和技巧的样本，通过学习这些样本，AI 可以逐渐掌握不同的绘画风格和技巧。数据驱动的特点使得 AI 绘画能够生成与人类艺术家相似甚至超越人类的作品，为艺术创作提供了新的可能性。

2. AI 绘画采用了生成式模型

生成式模型是一种能够从随机噪声或部分图像中生成完整艺术作品的模型。其中，生成对抗网络是最为常见的生成式模型之一。生成对抗网络由两个神经网络组成，即生成器和判别器。生成器负责生成艺术作品，判别器负责判断生成的作品是否真实。通过不断迭代训练，生成器可以逐渐提高生成作品的质量，使其越来越接近真实的艺术作品。

3. AI 绘画具备迁移学习的能力

迁移学习是指将预训练的模型应用于新的艺术创作任务中，以提高生成作品的质量。在 AI 绘画中，预训练的模型可以通过学习大量的艺术作品样本来掌握各种艺术风格和技巧。当面临新的艺术创作任务时，AI 可以利用预训练的模型来进行迁移学习，从而快速生成高质量的艺术作品。这种迁移学习的能力使得 AI 绘画在不同艺术领域都具有广泛的应用前景。

4. AI 绘画可进行图像分割和增强处理

图像分割是指将图像划分为多个区域，每个区域代表不同的元素或对象。通过图像分割，AI 可以提取特定的元素，如人物、背景等，以便进行进一步的处理和编辑。同时，AI 还可以对图像进行增强处理，以改善图像的视觉效果。例如，可以通过调整色彩、对比度等参数来增强图像的表现力和吸引力。

1.2 AI 绘画的技术原理

1.2.1 文本到图像

文本到图像是一种新兴的技术，它允许用户输入文本描述，AI 根据这些文本描述生成相应的图像。这种技术通常结合了自然语言处理和图像生成技术，使得 AI 能够理解文本内容并创造出符合描述的视觉作品。

1.2.2 卷积神经网络技术

卷积神经网络（Convolutional Neural Network，CNN）是一种特殊的神经网络结构，广泛应用于图像处理和计算机视觉领域。在 AI 绘画中，CNN 可以用于提取图像的特征和纹理信息，从而帮助生成器更好地理解艺术家的创作风格和技巧。

1.3 AI 绘画的应用领域

随着科技的飞速发展，AI 已经渗透人们生活的各个领域，包括艺术。AI 绘画是一种结合了 AI 技术和传统绘画技巧的新型艺术形式，正在逐渐改变我们对艺术创作的认知。

1.3.1 AI 绘画在摄影领域的应用

AI 绘画在摄影领域的应用非常广泛和深入。AI 可以辅助摄影师进行后期创作，解决软件学习难、成本高和版权不明等问题。例如，摄影师可以使用 AI 生成的场景作为后期创作的参考，这不仅可以节省时间，也可以为作品注入新的灵感，如图 1.4 所示。

图 1.4

1.3.2　AI 绘画在服装设计领域的应用

　　AI 绘画在服装设计领域的应用也非常广泛。AI 技术可以帮助服装设计师更快地完成设计，并更准确地模拟服装的外观和质量。例如，设计师可以通过使用 AI 生成器快速创建出多种设计方案，并通过 AI 技术对这些方案进行优化和改进，如图 1.5 所示。

图 1.5

1.3.3　AI 绘画在产品设计领域的应用

　　AI 技术可以帮助设计师更快地完成设计，并更准确地模拟产品的外观和质量。例如，设计师可以通过使用 AI 生成器快速创建出多种设计方案，并通过 AI 技术对这些方案进行优化和改进。AI 还可以用于商品图的换场景及 AI 模特换装等电商场景，如图 1.6 所示。

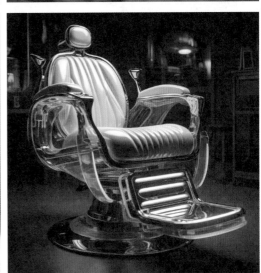

图 1.6

1.3.4　AI 绘画在电商设计领域的应用

　　AI 绘画工具可以快速生成产品渲染图、进行图像风格转换、生成产品 Logo 图标 / 品牌标识等，极大地降低了电商设计或图像制作的门槛。例如，商家可以利用 AI 技术将一件商品的展示图片轻松地换到各种不同的背景或场景中，以适应不同的销售策略和用户需求。AI 绘画也被用于创意广告的制作，例如，本文作者把 AI 绘画的成果融入了"双 11"的电商设计中，不仅效果炸裂，而且效率极高，如图 1.7 所示。

图 1.7

　　尽管 AI 绘画在各个领域的应用前景广阔，但也不能忽视其可能带来的问题。例如，AI 绘画可能会对传统的艺术创作产生影响，甚至可能取代人类的艺术创作。此外，AI 绘画的版权问题也是一个需要关注的问题。因此，在推动 AI 绘画的发展的同时，也要关注这些问题，以确保 AI 绘画的健康发展。

1.4　AI 绘画的发展趋势

　　AI 绘画是一个充满挑战和机遇的领域。我们期待看到 AI 绘画在未来的发展，同时也期待看到人类艺术家和 AI 共同创造出更多具有艺术感的作品。

1.4.1　AI 绘画的技术将会更加成熟

　　随着 AI 技术的不断发展，AI 绘画的技术和算法也将不断优化和改进。例如，可以通过改进生成对抗网络的训练方法、提高卷积神经网络的性能等，以提高生成作品的质量和逼真度。未来，可以期待 AI 绘画能够生成更加精细、更加具有艺术感的作品。此外，AI 绘画也将能够更好地理解和模仿人类艺术家的创作风格，生成具有个性化的作品，如图 1.8 所示。

图 1.8

1.4.2　AI 绘画的应用范围将会更加广泛

目前，AI 绘画已经被应用到各种艺术形式中，包括绘画、雕塑、音乐等。未来，随着技术的发展，AI 绘画的应用范围将会更加广泛。例如，AI 绘画可以被应用到电影制作中，生成具有艺术感的电影画面；也可以被应用到建筑设计中，生成具有创新性的建筑设计方案，如图1.9 所示。

图 1.9

1.4.3　AI 绘画将会与人类艺术家进行更深度的合作

虽然 AI 绘画可以独立完成艺术创作，但是，人类艺术家的参与仍然是不可或缺的。未来，可以期待看到更多的 AI 与人类艺术家的合作作品，这些作品将会融合 AI 的创新性和人类艺术家的独特视角，创造出全新的艺术形式，如图 1.10 所示。

图 1.10

第2章
Midjourney
安装与界面

2.1　Midjourney 的特点

Midjourney 是一家致力于推动艺术与科技融合的先锋企业，其在 AI 绘画方面的研究和应用已经取得了令人瞩目的成果。AI 绘画是指利用人工智能技术进行创作的艺术形式。通过训练大量的艺术作品数据，AI 可以学习到各种绘画技巧和风格，从而生成具有独特美感的原创作品。这种创新的艺术形式为艺术家提供了全新的创作工具，也为观众带来了前所未有的视觉体验。Midjourney 公司正是在这个领域取得了突破性进展的企业之一。他们开发了一套先进的 AI 绘画系统，该系统能够自动识别和学习各种绘画技巧和风格，从而生成具有高度个性化和创新性的作品。这套系统的核心是一套强大的深度学习算法，它能够从大量的艺术作品中提取关键特征，并将其应用于新的创作过程中。

2.1.1　高度智能化

通过深度学习算法，Midjourney 系统能够自动识别和学习各种绘画技巧和风格，从而生成具有高度个性化和创新性的作品。这意味着艺术家可以利用这个系统轻松地创作出具有独特风格的艺术作品，而无须花费大量时间和精力去学习和掌握各种绘画技巧。图 2.1 所示为生成的 iPad 绘画风格的插图。

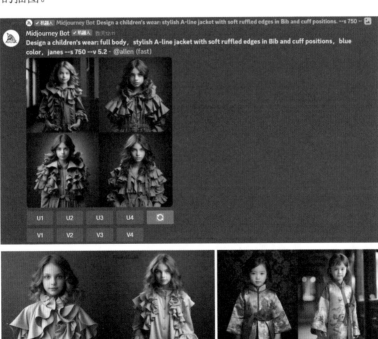

图 2.1

2.1.2　丰富的创作素材

　　Midjourney 公司的 AI 绘画系统拥有庞大的艺术作品数据库，涵盖了各种绘画技巧和风格。这使得艺术家可以在创作过程中随时调用这些素材，为自己的作品增添更多的灵感和创意。图 2.2 所示是生成的中式服装的卡通插图。

图 2.2

2.1.3　灵活的创作方式

　　Midjourney 公司的 AI 绘画系统支持多种创作方式，包括手绘、数字绘画等。这意味着艺术家可以根据自己的喜好和需求选择合适的创作方式，充分发挥自己的创造力。图 2.3 所示是生成的不同画风的插图。

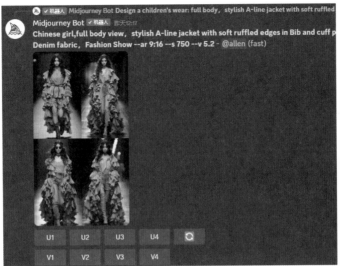

图 2.3

2.1.4　高效的创作过程

通过 AI 技术的应用，Midjourney 公司的 AI 绘画系统可以大大缩短艺术家的创作时间，提高创作效率。这对于艺术家来说无疑是一个巨大的优势，因为他们可以将更多的时间和精力投入到作品的完善和推广上。图 2.4 所示是快速生成的一系列同类型的图。

图 2.4

　　Midjourney 公司在 AI 绘画领域的研究和实践为我们展示了一个充满无限可能的未来。随着 AI 技术的不断发展和完善，我们有理由相信，未来的艺术创作将会变得更加智能化、高效化和个性化。Midjourney 公司将继续在这个领域发挥引领作用，为全球艺术家提供更多的创新工具和灵感来源。

2.2　安装 Discord 和 Midjourney 系统

在学习 Midjourney 之前，首先需要弄清楚 Discord 软件。Discord 是一款免费的聊天软件，Midjourney 是在这款聊天软件上的一个程序，用户可以在 Discord 上创建服务器，与其他用户进行实时聊天或文件共享。

2.2.1　Discord 平台概述

Discord 是一个在全球范围内广受欢迎的网络平台，它以其独特的功能和特性吸引了大量的用户。Discord 平台的主要特点是具有实时通信功能，用户可以在这个平台上进行语音、视频聊天及文字聊天。此外，Discord 还提供了一种名为"服务器"的功能，用户可以创建自己的服务器，邀请朋友加入，共享信息和资源，如图 2.5 所示。

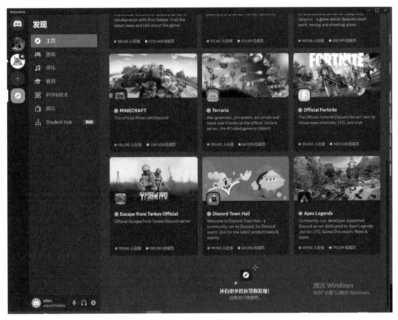

图 2.5

Discord 的服务器功能非常强大，用户可以在服务器中创建各种频道，如文本聊天频道、语音聊天频道、图片分享频道等。每个频道都可以设置特定的规则，如禁止某些类型的内容、限制新成员的加入等。这使得 Discord 成了一个非常适合团队协作的平台，无论是游戏团队、学习小组，还是其他类型的团队，都可以通过 Discord 来进行有效的沟通和协作。除了实时通信和服务器功能，Discord 还有许多其他的特性。例如，它支持多种语言，可以满足全球各地用户的需求。它还提供了丰富的表情包和贴纸，使得聊天更加有趣和生动。此外，Discord 还有一个非常活跃的社区，用户可以在这里找到各种各样的资源，如教程、插件、主题等。

2.2.2　Discord 平台安装

下面介绍如何安装 Discord 平台。

（1）在网页上打开 Discord 的官网，网址为 https://discord.com/，无论是使用 Discord 还是

Midjourney，都需要连接到互联网才能正常使用。如果在使用这些应用程序时遇到无法访问界面的问题，需要检查你的设备是否已经成功连接到网络，如图 2.6 所示。

图 2.6

（2）此时页面中有两个按钮——"Windows 版下载"和"在您的浏览器中打开 Discord"。单击"Windows 版下载"按钮，提供了一种更为便捷的方式，能够随时随地使用 Discord。也可以单击"在您的浏览器中打开 Discord"按钮，虽然这种方式可能不如下载软件那么方便，但仍然能够满足基本需求，如图 2.7 所示。

图 2.7

> **提示**
>
> 如果单击"Windows 版下载"按钮，会发现这样做有其独特的优势。通过下载软件，可以将保存的图片质量提升到一个全新的水平。这是因为软件通常具有更高的处理能力，能够更好地处理和保存图片。这意味着照片将会更加清晰，色彩更加鲜艳，细节更加丰富。

（3）如果已经有一个账号，可以直接输入账号和密码来进行登录。如果还没有账号，可以注册一个新的账号。这个过程与在国内平台上注册新账号的方式并没有太大的区别。按照提示步骤进行操作即可，包括填写个人信息、设置密码等。在注册过程中，需要验证邮箱，如图 2.8 所示。

图 2.8

2.2.3　添加 Midjourney 服务器到 Discord 平台

下面添加 Midjourney 服务器到 Discord 平台中。

1. 方法一：通过 Midjourney 官网加入服务器

（1）进入 Midjourney 官网，在浏览器中输入 https://www.midjourney.com/，在打开的 Midjourney 官网首页底部单击"Join the Beta"按钮，如图 2.9 所示。

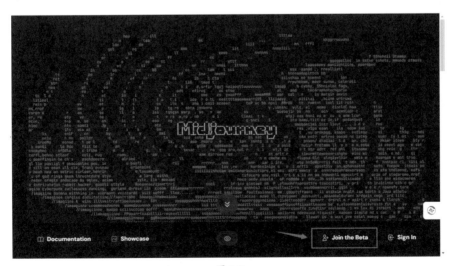

图 2.9

（2）此时弹出邀请对话框，单击"加入 Midjourney"按钮，绑定 Discord 账号，如图 2.10 所示。

（3）如图 2.11 所示，Midjourney 服务器已经进入 Discord 软件中。

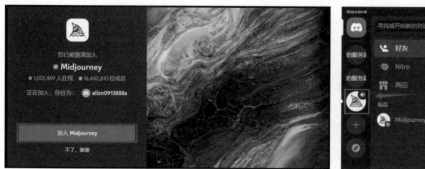
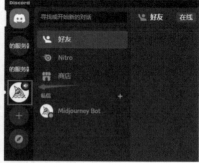

图 2.10   图 2.11

2. 方法二：在 Discord 平台加入 Midjourney 频道

（1）注册完成 Discord 后，进入 Discord 平台界面，单击左边的 ⬛ 按钮展开服务器频道，如图 2.12 所示。

图 2.12

（2）单击 Midjourney 服务器频道，即可加入该服务器，如图 2.13 所示。

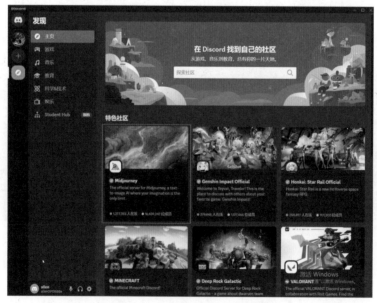

图 2.13

（3）在 Discord 中单击"Midjourney"图标，进入 Midjourney 服务器，里面有很多不同的频道，如图 2.14 所示。

图 2.14

（4）进入任意一个频道，如 newbies 新手频道，可以在频道中看到别人生成的图文，在这里可以参考他人的作品及使用的关键词，如图 2.15 所示。

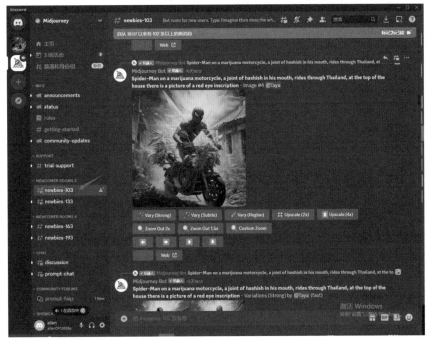

图 2.15

newbies 频道是公用频道，可以输入关键词，生成图片，但是很多人在这里面刷屏，很难找到自己生成的图片，因此要建立自己的专用频道。

单击一个图片，可以将其放大显示，单击"在浏览器中打开"按钮，可在浏览器中打开高清原图，如图 2.16 所示。

图 2.16

2.3　认识 Midjourney 界面与服务器创建

在 Midjourney 服务器中输入文字指令，Midjourney 就会根据文字意思自动生成图片。本节将学习 Midjourney 的常用指令。

2.3.1　Discord 的界面

进入 Discord 界面后，左侧的帆船标志就是 Midjourney 公用的服务器，里面有很多不同的频道。最下方是生成图片的描述语和指令的输入框，如图 2.17 所示。

私信

服务器

添加和查找
服务器

频道

描述语输入框

个人账号信息

功能按钮

成员

信息窗口

发送表情包

图 2.17

1. 私信

左上角的 图标是 Discord 的私信功能，单击该按钮可查阅私信，如图 2.18 所示。

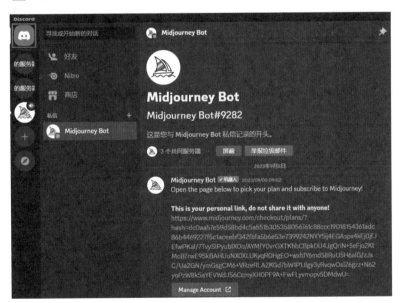

图 2.18

2. 服务器

可以自己创建服务器，也可以添加系统已有的服务器（如 Midjourney 服务器），在系统已有的服务器中发信息，则会发送到公共屏上。为了保持私密，可自己创建服务器。在自己的服务器中可以做很多事情，如邀请他人进入、组织发起活动等，如图 2.19 所示。

单击 按钮可自定义服务器，单击 按钮可浏览已有服务器，如图 2.20 所示。

图 2.19

图 2.20

3. 频道

频道有很多类别，如聊天频道、绘画生成频道或语音频道，可以单击任意一个频道并参与互动，如图 2.21 所示。

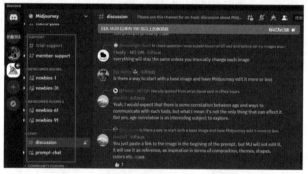

图 2.21

4. 描述语输入框

描述语输入框中用于输入信息及表情包，如果是绘画，则输入命令及描述词汇，如图 2.22 所示。

图 2.22

当输入"/"符号时，系统会弹出自动提示指令，选择需要的指令即可，如图 2.23 所示。

图 2.23

5. 个人账号信息

单击个人头像即可打开个人账号信息，查看 ID 信息，单击 按钮可以编辑个人信息，如图 2.24 所示。

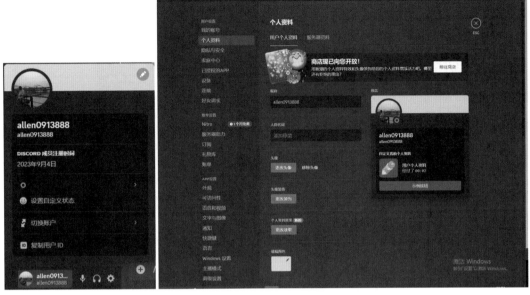

图 2.24

6. 功能按钮

在界面右上角是部分功能按钮及搜索框。 是最常用的功能，单击该按钮可打开成员面板，可查看、管理、搜索成员，如图 2.25 所示。

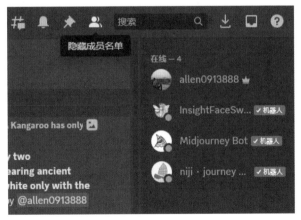

图 2.25

7. 成员

单击右上角功能按钮区域的 图标，可找到频道中的成员。可以加任意一个成员为好友，这里面的成员有机器人，也有真人用户，如图 2.26 所示。

单击一个用户名可以查看该用户所在的组，单击头像可以打开该用户的身份页面，单击 发送好友请求 按钮可发送添加好友邀请，如图 2.27 所示。

真人用户

机器人

图 2.26

图 2.27

8. 信息窗口

信息窗口位于界面中心，相当于一个聊天室，生成的图片及信息都在这里发送，信息以滚动方式显示，可通过下拉进度条查看信息，如图 2.28 所示。

9. 发送表情包

单击其中一个按钮可以弹出相应的表情包，便于选择发送，如图 2.29 所示。

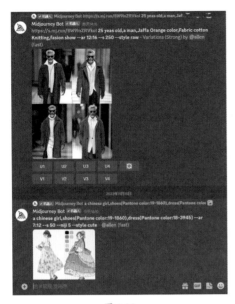

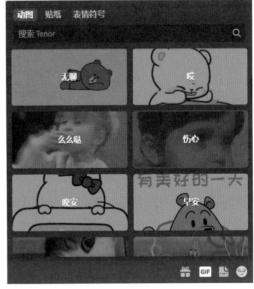

图 2.28　　　　　　　　　　　　　　　　　图 2.29

2.3.2　创建个人专用 Midjourney 服务器

在 Midjourney 服务器中进入不同的频道，就可以输入描述语进行图像生成了，但是这些频道是公用的，有很多人在频道里生成图像，你生成的图像很容易被别人刷屏而找不到，不方便个人使用。最好的办法是创建一个自己的服务器，创建服务器的步骤如下：

（1）单击界面左边的 按钮，弹出"创建服务器"对话框，单击"亲自创建"按钮，进入下一步，单击"仅供我和我的朋友使用"按钮，如图 2.30 所示。

图 2.30

（2）此时弹出"自定义您的服务器"对话框，给服务器起名或添加头像，单击"创建"按钮。这样界面左边就出现了自己创建的服务器，在这个服务器中可以邀请其他好友加入，如图 2.31 所示。

图 2.31

2.3.3 邀请 Midjourney 机器人

个人服务器建立好后，必须邀请 Midjourney 机器人入驻服务器中才能在服务器中生成图片。

（1）还需要在这个服务器中加入一个 AI 机器人为我们工作。进入 Midjourney 的服务器（帆船标志的服务器），单击任意一个频道，在右侧的成员名单中单击 Midjourney Bot 机器人，如图 2.32 所示。

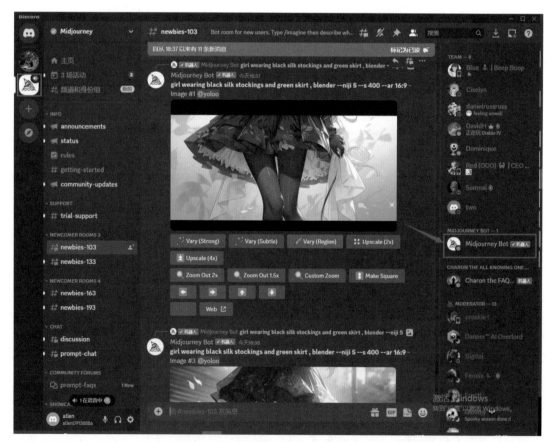

图 2.32

（2）此时弹出 Midjourney Bot 机器人的名片对话框，按提示添加机器人到自定义的服务器中，如图 2.33 所示。

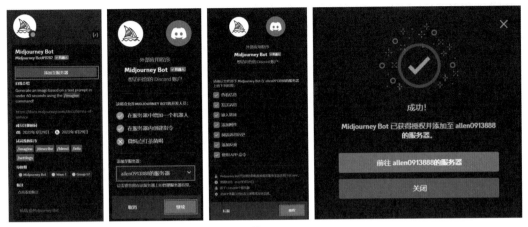

图 2.33

前往服务器后，看到 Midjourney Bot 机器人出现在服务器的成员列表中，即可开始使用 AI 生成图像，如图 2.34 所示。

图 2.34

第3章
Midjourney
参数设置

Midjourney 的参数非常多，可以先从最基本的开始掌握。掌握基础功能，可以帮助我们更好地理解 Midjourney 的工作方式。每个基础功能都有其特定的用途和工作方式，通过学习和掌握这些功能，可以更好地理解软件的运行机制，从而在实际使用过程中更加得心应手。

在描述语输入框中单击➕按钮，弹出 3 个选项，分别是"上传文件""创建子区"和"使用 APP"。选择"上传文件"选项，可打开资源浏览器，选择可上传的文件，如图像等。选择"创建子区"选项，可创建一个对话区域，这里暂时用不上，不再赘述。选择"使用 APP"选项，可打开指令列表，选择可用指令（也可以手工输入指令），如图 3.1 所示。

图 3.1

3.1　Midjourney 图像生成及保存

下面将在自定义的服务器中生成图像并保存它们。

（1）在描述语输入框中输入 /imagine，在输入前几个字母时，输入框会自动弹出完整的命令，选择 /imagine prompt 命令即可，如图 3.2 所示。

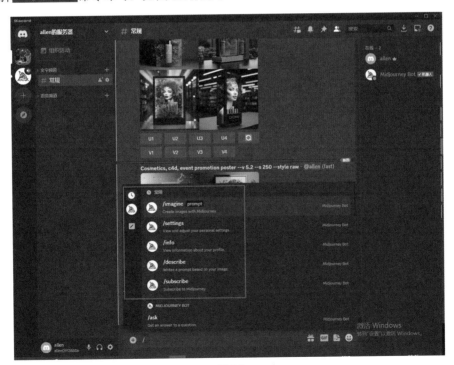

图 3.2

（2）在 /image prompt 后面的输入框中输入英文关键词，就可以生成想要的图片。可以使用翻译软件将我们的想法翻译成英文。例如，生成一个女孩，可输入 a girl。按 Enter 键，就会出现 4 幅连续的图像，如图 3.3 所示。

图 3.3

（3）可以看到生成的 4 幅图片下面有两排按钮，其中，1、2、3、4 是图像的顺序，对应 U 和 V 后面的顺序数字，如图 3.4 所示。

图 3.4

　　█████按钮用于重新生成图像，单击该按钮会创建 4 幅全新的图像。V（Variations 的缩写）按钮是根据用户选择的图像进行变化，单击 V 按钮会创建 4 幅新的图像，它们的整体风格、颜色、构图与用户选择的图像相似，如图 3.5 所示。

图 3.5

　　生成的 AI 图像下方标有 U1、U2、U3 和 U4 共 4 个按钮，分别对应 4 幅图片。其中，U 表示放大（Upscale），如果喜欢第一幅图片，可单击 U1 按钮，Midjourney 会自动放大 U1 图像，如图 3.6 所示。

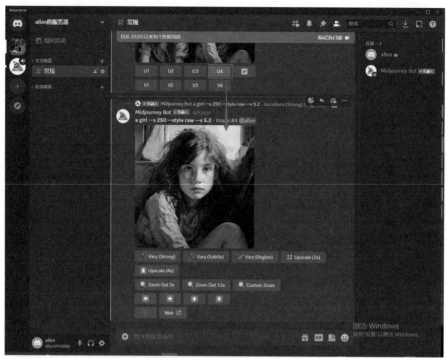

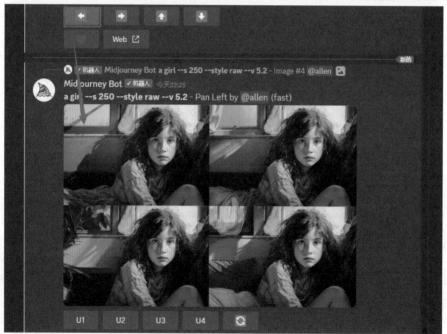

图 3.6

Zoom Out 2x 按钮用于缩小图像，可以在不更改原始图像的情况下扩展画布的原始边界。新展开的画布将使用提示和原始图像的指导进行填充。该按钮可以选择 2 倍、1.5 倍和自定义，如图 3.7 所示。

Vary (Strong) 是强烈变化，Vary (Subtle) 是微弱变化。单击后会生成 4 幅新的基于原图变化后的图片，如图 3.8 所示。

图 3.7

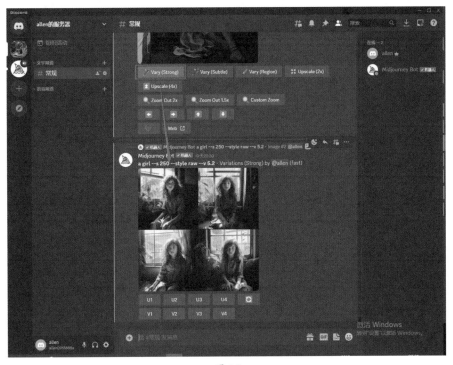

图 3.8

Vary (Region) 是通过框选区域重绘，单击该按钮，弹出重绘对话框。 按钮是矩形框选工具。 按钮是套索工具，可对画面进行矩形框选或对不规则区域进行选择，如图 3.9 所示。

图 3.9

选择完成后，单击 ➡ 按钮重新计算，系统将选择部分重新进行绘制，如图 3.10 所示。

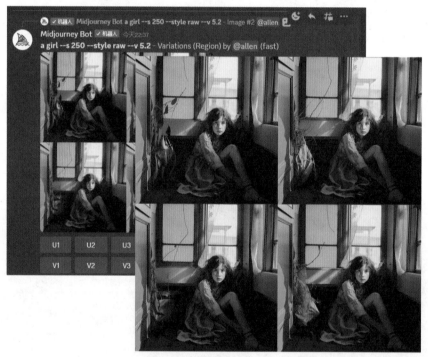

图 3.10

放大浏览图片，可以单击图片进行放大查看，也可以单击在浏览器中打开，进一步放大浏览，如图 3.11 所示。

保存图像，在想保存的图像上右击，可以看到保存图片的选项，有时响应会偏慢，耐心等待后即可保存到我们想保存的文件夹中，选择保存路径时不要更改图片名称，待保存后再修改，如图 3.12 所示。

图 3.11

图 3.12

3.2　Midjourney 设置和预设

从上一节的图像可以看到，图像的默认效果是写实的插画风格，细节比较多。Midjourney 预设了几种不同的绘制风格可以选择。

在 Midjourney 的描述语输入框中输入 /settings，按 Enter 键即可进入图像的偏好设置界面。灰色的是我们没有选择的功能，绿色的是正在生效的功能，如图 3.13 所示。

图 3.13

Midjourney Model V1.0、V2.0 和 V3.0 是之前的版本，出图更加抽象，具有艺术的朦胧感；V4.0 比较写实、真实细腻；V5.0 及以上版本更写实、AI 感降低（系统默认为最高版本），如图 3.14 所示。

图 3.14

V5.1 或 V5.2 版本可以选择 RAW 模式，RAW 模式可以使画面细节更丰富，更偏向高级摄影风格，如图 3.15 所示。

图 3.15

Niji Model V5 模型是动漫二次元风格专用模型，如图 3.16 所示。

图 3.17 所示为 Midjourney Model 和 Niji Model 风格在同样关键词描述下生成 AI 图片的对比。

Stylize 代表风格化程度，风格化越强，图片越具有创造性、越抽象。Niji Model V5 增加了几种特殊风格，分别是 Default Style（正常风格）、Expressive Style（表现型风格）、Cute Style（可爱风格）、Scenic Style（优美风格）和 Original Style（原生风格），如图 3.18 所示。

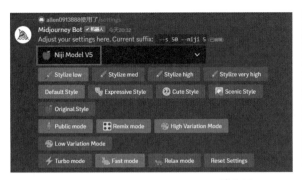

图 3.16

图 3.17

图 3.18

图 3.19 所示是同样一组描述词——a women（一个女人），default style（正常风格）和 cute style（可爱风格）的对比。

图 3.19

Public mode 代表公开模式，在公开模式下生成的图会出现在其他频道。只有专业会员或以上才可以使用隐私模式，在隐私模式下只有本人才能看到生成的作品。 High Variation Mode 和 Low Variation Mode 可改变重新生成的图像变化幅度，如图3.20所示。

Remix mode 可以重新编辑提示词，并在弹出的提示词编辑框中改变参数、模型和纵横比等命令，然后采用图像的原始构图，将其用于新作品的一部分，也就是生成图片时可以用 V1 V2 V3 和 Vary (Strong) Vary (Subtle) Vary (Region) 重新改变关键词再继续生成。图3.21所示为选择 Remix mode 模式后弹出的对话框（可修改描述词），如图3.21所示。

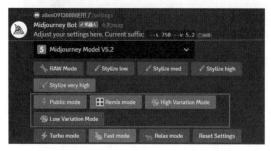
图 3.20

图 3.21

Turbo mode 、 Fast mode 和 Relax mode 代表出图速度，可进行切换。Midjourney是付费制， Turbo mode 模式将提升4倍的出图速度，但对 Fast mode 模式时长的消耗是原先的2倍。 Relax mode 模式是通用速度，出图较慢，可无限时使用该模式。 Reset Settings 可将系统重置为默认设置。

图3.22所示为付费超时后的提示，单击系统给出的付费链接可进入付费窗口。

图 3.22

3.3　Midjourney 会员付费订阅

本节主要讲Midjourney付费订阅的方法，因为目前Midjourney官方已禁止免费试用，所以，需付费开通会员才能使用。本节为无法直接充值的读者提供了新的解决方案。

3.3.1　直接付费订阅

当使用 Relax mode 以外的设置进行生成图像时，系统会出现 Manage Account 提示链接，意思是要进行会员购买，只有付费会员才能使用 ⚡ Turbo mode 、 🐌 Fast mode 等出图模式，如图 3.23 所示。

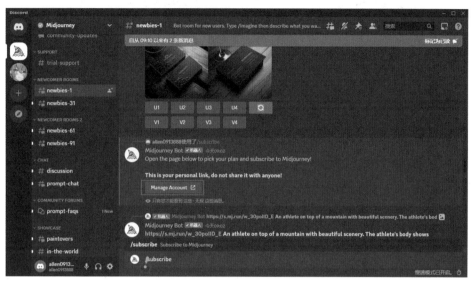

图 3.23

单击 **Manage Account** 🔗链接会跳转到付费页面，用户可根据自己的实际情况进行购买。基本会员每月有 200 张快速出图时间，标准会员每月有 15 小时快速出图时间，专业会员每月有 30 小时快速出图时间，超级会员每月有 60 小时快速出图时间，如图 3.24 所示。

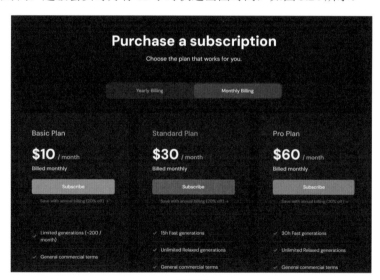

图 3.24

3.3.2　通过 /subscribe 指令付费订阅

（1）在 Discord 命令输入框中输入 /subscribe，按 Enter 键发送指令，如图 3.25 所示。
（2）单击 **Manage Account** 🔗链接会跳转到付费页面进行付费。

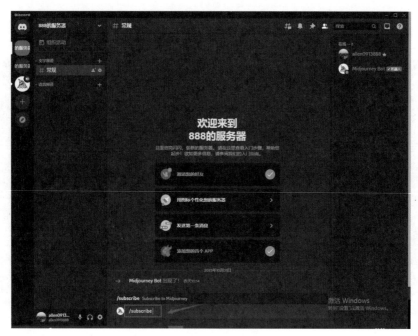

图 3.25

3.3.3　购买别人的账号

有时国内使用或充值会有相关限制，包括无法充值等，可以通过购买账号来解决，但要注意，在购买期限结束后，通常需要购买新的账号，不能在原有账号继续充值。

（1）登录所购买账号的邮箱，打开邮箱链接，输入账号和邮箱密码即可登录，如图 3.26 所示。

图 3.26

（2）返回到 Discord 的登录界面，输入账号密码，单击"登录"按钮，如图 3.27 所示。

图 3.27

（3）完成真人验证，如图 3.28 所示。在验证后会出现验证邮件的提示，打开邮箱的收信箱，打开 Discord 最新发送的邮件，完成验证。

图 3.28

（4）跳转到"IP 地址授权"界面，单击"登录"按钮，如图 3.29 所示。

图 3.29

3.4 Midjourney 语法结构

Midjourney 通过识别关键词来生成图像，如果只用某些词或者一句话生成，则照片会很难符合要求，为了使生成的照片更加符合需求，需要学习 Midjourney 描述词的语法结构。

Midjourney 的语法结构如下：参考图链接（可以没有）＋文字描述关键词（必须有）＋后缀参数设置（可以没有），如图 3.30 所示。

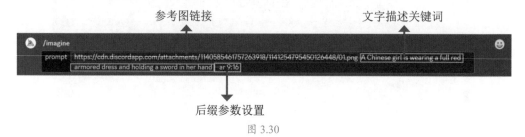

图 3.30

切记不同部分之间要输入一个空格，以防止系统无法识别命令。

3.4.1 参考图链接

（1）直接将参考图拖入输入框中（或者按住 Shift 键的同时拖入参考图），按 Enter 键发送，如图 3.31 所示。

（2）右击图片，在弹出的快捷菜单中选择"复制链接"命令，如图 3.32 所示。

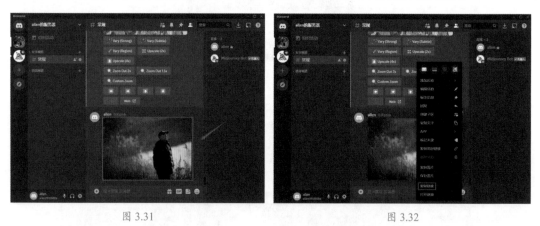

图 3.31   图 3.32

（3）在输入框中输入 /imagine，在蓝色框中粘贴刚才复制的图像链接，然后按空格键，再输入 By the river（在河边），按 Enter 键，系统自动生成四格图像，如图 3.33 所示。这里的 --iw 数值是参考图权重，该数值必须为 0 ～ 2，iw 值越高，参考图片符合程度越高。

（4）单击 U1 按钮，将第一幅图放大，这就是用参考图生成的卡通图，图中人物保持了参考图的色调和人物姿态，并符合英文关键词，如图 3.34 所示。

图 3.33 图 3.34

3.4.2　文字描述关键词

文本描述关键词的常用结构如下：主要元素（主题、角色、环境、关键特点）+ 风格元素（构图、灯光、镜头、材质、艺术风格）。我们可以充分发挥想象力来写文字描述，不同的段落由英文的逗号或者句号隔开，用 + 号融合需要融合的元素。

模仿别人的关键词可以让我们更快上手 Midjourney 绘画。在不同的关键词中有影响出图权重更高的关键词，只有通过控制少量关键词变化的实际测试，才可以更好地理解 Midjourney 对各种关键词的出图效果。下面测试关键词是如何生成 AI 图像的。

（1）在输入框中输入 /imagine，在蓝色框中输入 Couple sitting together, eating a big bucket of popcorn（一对情侣坐在一起，吃着一大桶爆米花），按 Enter 键，系统自动生成四格图像。注意：英文后面括号内是作者的中文注释，Midjourney 目前仅识别英文描述词，如图 3.35 所示。

（2）第二幅图比较符合预期，如果没有满意的图可单击 🔄 按钮继续生成，单击 U1 按钮，将第一幅图放大，如图 3.36 所示。

图 3.35 图 3.36

（3）右击放大的图像，在弹出的快捷菜单中选择"复制链接"命令，将该图像的链接复制，如图 3.37 所示。

（4）在输入框中输入 /imagine，按 Enter 键，在蓝色框中粘贴刚才复制的图像链接，然后按空格键，再输入 Couple sitting together, eating a big bucket of popcorn, In the cinema（一对情侣坐在一起，吃着一大桶爆米花，在电影院里），按 Enter 键，系统自动生成四格图像，如图 3.38 所示。

图 3.37   图 3.38

（5）如果不满意可单击🔄按钮继续生成图像，直到满意为止，如图 3.39 所示。

图 3.39

3.4.3　后缀参数设置

后缀参数设置是指图像生成的宽高比构图、风格、尺寸、细节等常用后缀参数，这些参数间接或直接影响图片的生成效果。常用的参数有下面 8 组：

1. 宽高比 "--ar w：h" 或 "-aspect w：h"（w 是宽，h 是高）

例如，--ar 9:16，就可以生成宽高比为 9:16 的图片。注意：冒号必须使用英文的冒号，ar 后面必须输入空格再输入比例。

下面使用宽高比后缀参数作图。

（1）在输入框中输入 /imagine，按 Enter 键，然后在蓝色框中输入 full-body shooting, a 6-month-old Chinese girl wearing a sparkling princess dress, emitting a luminous effect. She walked by the sea（全身拍摄，一个 6 个月大的中国女孩穿着闪闪发光的公主裙，发出明亮的效果。她走在海边），按 Enter 键，系统自动生成四格正方形图像，如图 3.40 所示。

（2）重新输入原文基础上加 --ar 9:16，按 Enter 键，系统将生成比例为 9:16 的四格图像，如图 3.41 所示。

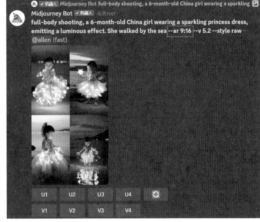

图 3.40　　　　　　　　　　　图 3.41

2. 风格化图像 "--stylize 数值" 或 "--s 数值"

数值的范围是 0 ～ 1000，设置的数值越高，生成的图像越具风格化。Midjourney 经过训练，偏向于生成有艺术形式的图片。stylize 可调节风格化的程度。低 stylize 值生成的图片与提示词会非常匹配，但艺术性不高。高 stylize 值生成的图片非常具有艺术性，但与提示词的关联较少。

（1）在提示词中输入 Claude Monet, water lilies, ponds --ar 3:2 --s 1000（莫奈，睡莲，池塘），按 Enter 键，生成图 3.42 所示的图片。可以看到系统生成了有创意的莫奈风格的画面。

（2）在提示词中输入 Claude Monet, water lilies, ponds --ar 3:2 --s 10（莫奈，睡莲，池塘），按 Enter 键，生成图 3.43 所示的图片。可以看到，图片完全是莫奈的绘画作品《睡莲》，没有加入太多创意。

图 3.42

图 3.43

3. 风格差异 "--chaos 数值" 或 "--c 数值"

用 "--chaos 数值" 或 "--c 数值" 来表示生成的四张图的风格差异，数值的范围是 0 ～ 100，默认值是 0，该值设置越高生成的图像之间的风格差距越大。下面来做一个练习。

（1）用提示词 a cat 生成四格图像，如图 3.44 所示。此时 --chaos 默认为 0，发现四幅图的风格较为接近。

（2）重新用相同的提示词 a cat，后面加上 --c 100，生成四格图像，如图 3.45 所示。此时由于 --chaos 为 100，所以，四幅图的风格发生了较大的差异。

图 3.44

图 3.45

4. 参考图权重 "--iw 数值"

当用参考图来生成新图时，--iw 数值能够控制新图是否像参考图，该数值的范围为 0 ～ 2（默认值为 1），--iw 值越高，与参考图片的吻合度越高。下面来做几个练习。

（1）从资源浏览器中拖入一幅图片到提示词输入框中，按 Enter 键发送。右击该图片，在弹出的快捷菜单中选择 "复制链接" 命令。

（2）在输入框中输入 /imagine，在蓝色框中按 Ctrl+V 组合键粘贴图片链接，后缀输入 --iw .25，按 Enter 键发送，生成的效果如图 3.46 所示。由于权重值很低，所以，生成的关联度不大。

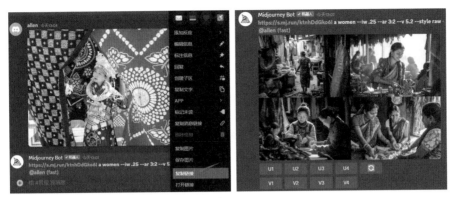

图 3.46

（3）将后缀改为 --iw .5 和 1 的效果如图 3.47 所示，可以看出，权重值越大，生成的图像关联度越高。

图 3.47

（4）将后缀改为最大值 --iw 2 后，生成的效果已经与参考图非常接近了，如图 3.48 所示。

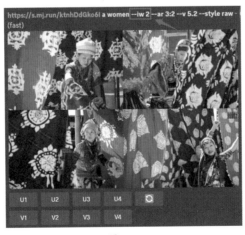

图 3.48

5. 出图质量 "--quality 数值" 或 " --q 数值"

--quality 的范围是 0.25 ～ 5，默认值为 1。较高的值会使用更多订阅的 GPU 时间。--quality

仅影响初始图片生成。下面做几个练习。

（1）用提示词 tasty cake in bright aesthetic lighting --ar 3 : 2 --q .25 生成四格图像，如图 3.49 所示。可以看出，--quality 为 0.25 时画面的质量较低。

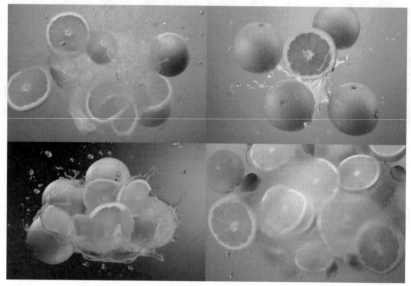

图 3.49

（2）重新设置 --quality 为 5，生成的效果如图 3.50 所示，图中元素较为丰富，画面质量较高，细节较好（生成时间也更长了）。

图 3.50

6. 用大括号可一次生成多图

Midjourney 默认一次出图 4 格，可以用大括号来增加出图效率。下面做几个练习。

（1）用提示词 a playful cat --ar {3 : 2,4 : 5,5 : 6,6 : 7} 生成图片，注意花括号中用逗号隔开了 4 组不同的 --ar 参数，按 Enter 键发送，此时系统会弹出提示，单击 Yes 按钮，如图 3.51 所示。

图 3.51

（2）此时会陆续生成我们需要的 4 组不同比例的图像，如图 3.52 所示。这种方法可以生成不同变量参数的图，大大提高了工作效率。

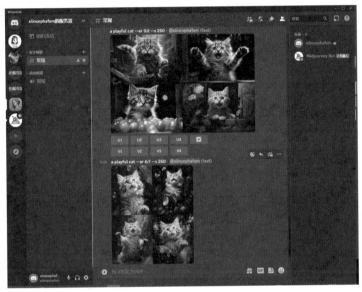

图 3.52

7. 排除 "--no 词汇"

输入后缀词 --on 指令可以屏蔽一些不想要的东西，如一堆糖果中不想出现红色，可以用 --no red 后缀来屏蔽红色糖果。

（1）输入提示词 There are many candies on the table（桌子上有很多糖果），生成图 3.53 所示的图片。单击 U 按钮放大。

图 3.53

（2）单击 Vary (Region) 按钮，打开修改对话框，框选红色的糖果，并在下方提示词中输入 --no red，如图 3.54 所示，单击 ▶ 按钮发送，得到图 3.55 所示的效果，红色的糖果被屏蔽了。

图 3.54 图 3.55

8. 双冒号 ":: 权重"

可以通过为每个提示词分配权重值（如 ::10）来调整混合效果的工作方式。双冒号 :: 提示词默认值为 1，较低的数值表示提示词对最终输出效果的影响较小；较高的数值表示提示词对最终输出效果的影响较大。

（1）在提示词中输入 Animals in the forest, lions, tigers, elephants, sheep, monkeys, giraffes, crocodiles, dogs, cats（森林里的动物，狮子，老虎，大象，绵羊，猴子，长颈鹿，鳄鱼，狗，猫），按 Enter 键，生成的画面如图 3.56 所示。画面中所有动物的分布数量都很平均。

图 3.56

（2）下面使用双冒号 :: 权重，单击 Vary (Subtle) 按钮，在提示词 tigers 后面加上 ::10，单击"提交"按钮，生成的画面如图 3.57 所示。看到老虎的出现概率增加了很多。该参数默认值为 1，如果给老虎单独增加 10，则老虎的权重就增加了 10 倍。

图 3.57

（3）下面重新做一个实验，如果不使用 Vary (Subtle) 按钮微调，可直接用上一步的提示词重新生成图片，在 tigers 后面分别加上 ::0.1、::2、::5、::10，重新计算，则会出现图 3.58 所示的效果，参数越大，权重越高。

tigers::0.1 几乎没有老虎　　　　　　　　　　　　tigers::2 老虎比例增多

tigers::5 老虎占绝大部分　　　　　　　　　　　　tigers::10 几乎全部是老虎

图 3.58

3.5　Midjourney 常用参数指令

在 Midjourney 软件中，经常使用的一些参数指令被视为其基础功能的一部分。这些基础功能，虽然看似简单，却是在后续使用过程中不可或缺的工具。掌握更多的基础功能，不仅可以帮助我们更好地理解和操作软件，还可以提高生成图像的控制程度和使用效率。Midjourney 的基础功能并非一成不变的，随着软件的更新和升级，新的功能会不断被添加进来，而一些旧的功能会被优化或者移除。因此，我们需要时刻关注软件的更新信息，以便及时掌握最新的基础功能。

1. /fast

输入 /fast 指令，可以切换到快速模式，这个指令等同于用 /setting 指令设置 ⚡ Turbo mode 、 🐇 Fast mode 和 🐢 Relax mode 选项，这些选项代表出图速度，可进行切换，如图 3.59 所示。

2. /relax

输入 /relax 指令，可以切换到放松模式。该指令等同于选择 🐢 Relax mode 选项，如图 3.60 所示。

3. /prefer suffix

输入 /prefer suffix 指令，可以添加固定的后缀，如图 3.61 所示。

图 3.59

图 3.60

图 3.61

单击 new value 按钮，出现设置固定后缀的输入框，如图 3.62 所示。

图 3.62

在输入框中可以设置始终常用的后缀参数，以"可爱、9 比 16 比例（cute --ar 9∶16）"的参数为例，如图 3.63 所示。

图 3.63

在输入框中输入描述词 a boy（一个男孩）。生成图像时，发现机器人自动在末尾加了预先设置的后缀，如图 3.64 所示。

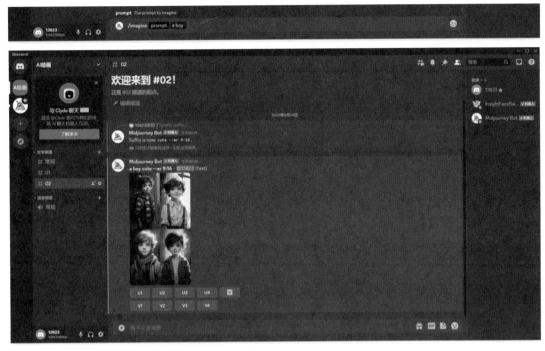

图 3.64

取消预先设置的后缀也很简单，再次输入 /prefer suffix 指令，直接按 Enter 键发送即可，再次生成图像时，后面不会再添加任何设置的后缀，如图 3.65 所示。

图 3.65

4. /public

输入 /public 指令，对于专业计划订阅者可以切换到公共模式，公共模式生成的图像在画廊中对任何人可见，如图 3.66 所示。

图 3.66

5. /stealth

输入 /stealth 指令，对于专业计划订阅者可以切换到隐身模式，如图 3.67 所示。

图 3.67

6. /prefer option set

输入 /prefer option set 指令，可以创建或管理自定义的预设后缀选项，如图 3.68 所示。在 option 输入框中可以输入自定义的预设名称，如图 3.69 所示。单击"增加"按钮，出现 value 选项，如图 3.70 所示。

图 3.68

图 3.69

图 3.70

单击 value 按钮，可以在 value 输入框中输入自定义的预设名称对应的自定义后缀参数，如图 3.71 所示。例如，将名称设置为"121"，将参数设置为 cute --ar 9：16，如图 3.72 所示。

图 3.71

图 3.72

在生成图像时，可以直接使用预设的名称作为后缀，如图 3.73 所示。生成的图像会自动把参数替换为预设的参数，如图 3.74 所示。

图 3.73

如果想取消自定义的后缀预设，再次输入 /prefer option set 指令，在 option 输入框中输入预设的名称，按 Enter 键发送，如图 3.75 所示。

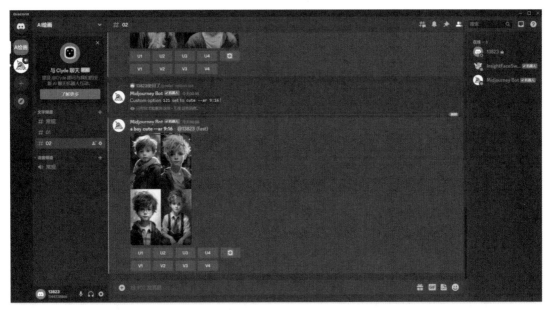

图 3.74

图 3.75

7. /prefer option list

输入 /prefer option list 指令，可以查看当前的自定义后缀选项，如图 3.76 所示。

图 3.76

8. /prefer remix

输入 /prefer remix 指令，可以切换混音模式。混音模式开启时可以在重生成或变化图片时修改描述语。该指令等同于选择 Remix mode 选项，如图 3.77 所示。

图 3.77

9. /info

输入 /info 指令，可以显示个人资料、订阅状态、剩余时间和当前正在运行的作业信息，如图 3.78 所示。

图 3.78

10. /show

输入 /show 指令，在 job_id 输入框中输入所生成图像的 ID 号，可以重新恢复图像。单击生成图像右侧的更多图标，如图 3.79 所示。

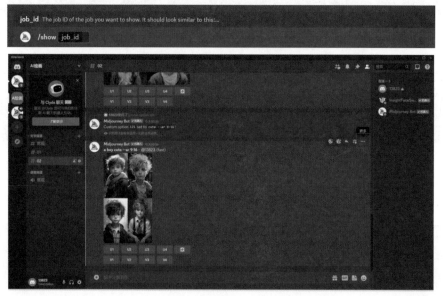

图 3.79

再单击信封图标，就可以在 Midjourney 的私信中找到该图像的 ID 号，如图 3.80 所示。

图 3.80

图 3.81 所示为该图像的 ID 号，复制 ID 号。

图 3.81

在 job_id 输入框中输入 ID 号，按 Enter 键发送，即可再次恢复图像。图 3.82 所示为重新恢复的工作图像。

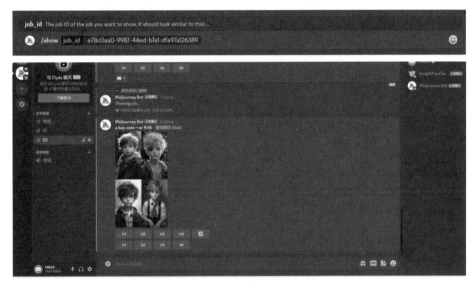

图 3.82

11. /describe

输入 /describe 命令，系统将弹出一个图片放置窗口，将图片拖入后按 Enter 键发送，系统将反推出 4 条完整的提示词，这是 Midjourney 的图生文功能，会根据图像的画面信息进行分析，并生成描述词。合理运用反推功能，可以帮助读者更好地借鉴其他优秀作品。

（1）在输入框中输入 /describe 命令，在 image 输入框中上传图像（可以直接将图像拖入输入框中），如图 3.83 所示。

图 3.83

（2）按 Enter 键上传后，Midjourney 会根据给的图片反推出 4 组完整的提示词，如图 3.84 所示。

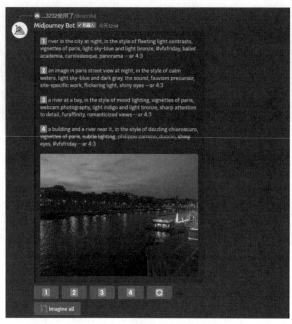

图 3.84

（3）下方的数字代表 4 条关键词，单击即可用该条关键词生成图片，单击 旋转按钮，可以重新反推生成 4 条新的关键词。

（4） Imagine all 按钮可以将 4 条关键词全部生成图像，如图 3.85 所示。

图 3.85

（5）用反推词可生成与原图接近的图形，如图 3.86 所示。

图 3.86

3.6　管理个人作品

在 Midjourney 网站中，用户不仅可以管理自己的作品，还可以欣赏其他人的创作。此外，该站点还提供了关键词搜索功能，使用户能够轻松找到不同设计师的作品及与其相似的作品。通过这个平台，用户可以方便地浏览、比较和学习各种设计作品，从而提升自己的创作能力和审美水平。无论是对于专业设计师还是对于艺术爱好者来说，Midjourney 站点都是一个宝贵的资源库，为用户提供了广阔的创作空间和灵感来源。

进入 Midjoureny 网站并登录自己的账号，可以观看自己所有的作品，还可以整理这些作品，如下载和删除等。

（1）打开 Discord 并登录自己的账号。在浏览器中输入 https://www.midjourney.com/home，按 Enter 键进入 Midjoureny 网站，如图 3.87 所示。

（2）单击 Sign In 按钮，此时弹出图 3.88 所示的对话框，单击"授权"按钮。

图 3.87

图 3.88

（3）单击  My Images 按钮，打开个人图片页面，生成的所有作品以日期为分类进行保存，如图 3.89 所示。

图 3.89

（4）单击一个缩略图，可将该作品放大显示，继续单击可全屏显示。作品放大后可在右边区域查看并复制描述文字及参数设置，单击右下角的 Copy Prompt 按钮，可复制描述文字或给作品打分，如图 3.90 所示。

图 3.90

（5）单击右上角的 … 按钮，打开菜单，可复制图片的种子、ID 号、图像等信息，这些信息在本书后面章节会用到，如图 3.91 所示。

（6）选择 ⬇ Download 命令，可下载该图像的原图；选择 ⬈ Open in Discord 命令，可在 Discord 中找到该图片进行继续编辑；单击 × 按钮，可关闭该图的最大化显示，回到缩略图状态。单击页面左边的 ⊛ Light Mode 按钮，可将页面切换成夜景模式，方便观看图片，如图 3.92 所示。

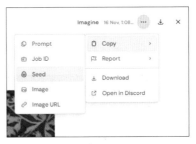

图 3.91

图 3.92

3.7　欣赏他人作品

在 Midjourney 网站中，我们能够发现一个非常显著的优势，那就是可以浏览到其他用户创作的精彩作品。这些作品涵盖了各种类型和风格，无论是设计、摄影还是绘画等，都能在这里找到。更令人兴奋的是，不仅可以欣赏这些作品，还可以通过查询功能获取与作品相关的关键词和参数设置。

这个功能对于学习和参考优秀作品来说，具有很大的帮助。首先，通过查看他人的优秀作品，可以了解不同领域的最新趋势和创新点。这些作品往往代表了该领域的最高水平，从中我们可以汲取灵感，拓宽自己的创作思路。其次，通过查询作品的关键词和参数设置，可以更加深入地了解作者的创作过程和技术细节。这对于提升自己的技能和水平非常有帮助，可以借鉴他人的经验，避免重复犯错，提高创作效率。

此外，Midjourney 网站还提供了丰富的社区互动功能。可以与其他用户进行交流和讨论，分享自己的创作心得和经验。这种互动不仅能加深我们对作品的理解，还能结识志同道合的朋友，共同进步。网站会定期举办一些创作比赛和活动，为用户提供更多展示自己才华的机会。

（1）单击 ⊘ Explore 按钮，进入作品浏览器，在这里可看到很多优秀作品，这是系统推荐的作品专栏。按住 Ctrl 键 + 鼠标滚轮可放大或缩小缩略图的显示比例，如图 3.93 所示。

图 3.93

（2）将鼠标移动到缩略图上，可以看到缩略图下方有两个按钮，左边的 Copy Prompt 按钮为复制关键词，右边的 Search Image 按钮为查找同类图片，单击 Search Image 按钮，系统将找到很多同类图片，如图 3.94 所示。

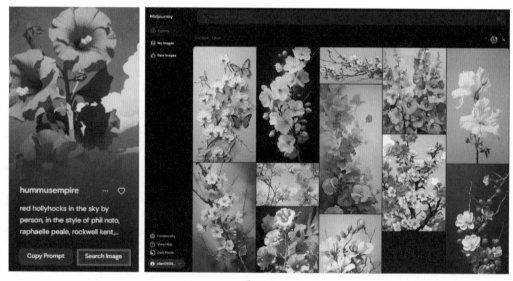

图 3.94

（3）单击其中一个缩略图，可放大该图，在这里可以查看关键词和参数设置，如图 3.95 所示。

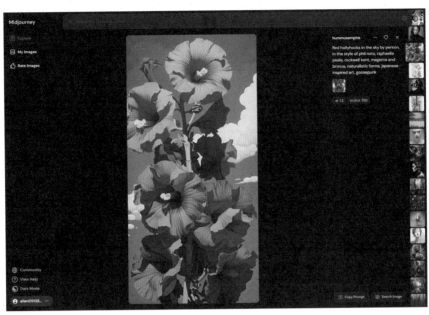

图 3.95

（4）单击右上角的用户名称 hummusempire ，可进入该设计师的主页，欣赏他的所有个人作品，如图 3.96 所示。

图 3.96

（5）在 Search prompts 搜索框中输入关键词，单击 🔍 按钮，可搜索该用户的作品。如果给该作品打了 ♥ 标，可以在 Like 页面快速找到该作品，如图 3.97 所示。

图 3.97

3.8　垫图基本模式

Midjourney 通过识别关键词来生成 AI 图片，如果只用一张图，则 Midjourney 会通过这张图来生成相似的图像。这种方法的好处是可以先用手绘一幅草图，然后到 Midjourney 中生成详细的图片，甚至是多种风格的图片。

垫图就是添加参考图，可以使用图像的一部分来影响作业的构图、风格和颜色等，可以单独使用图像生图，也可以使用图像 + 文本组合生图。

（1）按住 Shift 键的同时拖动资源浏览器的图片到 Discord 中，如图 3.98 所示。

图 3.98

（2）右击该图片，在弹出的快捷菜单中选择"复制链接"命令，如图 3.99 所示。

（3）在输入框中输入 /imagine，按 Enter 键，然后在蓝色框中将上一步骤复制的链接粘贴进来，按空格键，继续输入 More Pictures，按 Enter 键，系统自动生成四格图像。可以看到系统将原来的图片进行了重新绘制，默认参数下生成的图像还不是太像原图，如图 3.100 所示。

图 3.99

图 3.100

（4）如果觉得不满意，可以单击 ↻ 按钮重新绘制，这里加上了后缀参数 --iw 2（2 是最高符合程度的参数值），Midjourney 可以无止境地生成图片，直到满意为止，如图 3.101 所示。

图 3.101

3.9　多张垫图模式

垫图越多，生成的图就越像原图，首先应该选择风格相符的原图，使用图像＋文本组合生图。

（1）按住 Shift 键的同时拖动资源浏览器中的两幅图片到 Discord 中，如图 3.102 所示。

（2）右击该图片，在弹出的快捷菜单中选择"复制链接"命令，如图 3.103 所示。

图 3.102   图 3.103

（3）在输入框中输入 /imagine，按 Enter 键，然后在蓝色框中将上一步骤复制的链接粘贴进来。注意：两个链接之间需要用空格隔开，如图 3.104 所示。

图 3.104

（4）按 Enter 键，即可获得融合后的图像，如图 3.105 所示。

图 3.105

3.10　混合式垫图模式

Blend 命令与直接输入图像链接混合图片的效果是一样的。Blend 功能不如直接使用图像链接垫图那么真实，该功能存在的意义在于可优化出一系列简单的混合创意图，在并不需要更多细节操作的情况下直接融合多张图片。

（1）在输入框中输入 /blend，就可以同时上传 2 ～ 5 幅图，默认是 2 幅。为保证图片融合的效果，尽量上传和所需求图像同比例的图像，如图 3.106 所示。

（2）上传图片到 image1 和 image2 的位置，如图 3.107 所示。

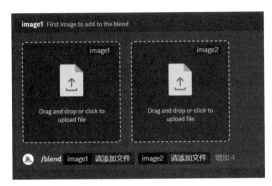

图 3.106　　　　　　　　　　　　　　　　　　图 3.107

（3）混合前单击"增加"按钮后，会弹出设置图像比例的 dimensions 指令。单击 dimensions 指令，会弹出 3 个比例的选项，如图 3.108 所示。

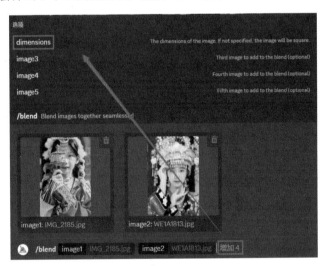

图 3.108

（4）其中，Portrait 代表 2∶3 比例；Square 代表 1∶1 比例；Landscape 代表 3∶2 比例。如果想生成其他比例的图像，需要使用图像链接垫图的方式，如图 3.109 所示。

图 3.109

（5）按 Enter 键，就可以将这两幅图混合在一起，如图 3.110 所示。如果需要混合更多的图，单击 增加 4 按钮，可混合更多图片。

图 3.110

（6）如果想出现两个人，可在描述语中增加 The two girls face the camera and smile（两个女孩面对镜头，微笑），如图 3.111 所示。

图 3.111

3.11　Seed 生图模式

Midjourney 还可以通过 Seed 方式进行更加稳定的"垫图"生成。很多 Midjourney 用户在生成感觉效果很好的图像时，想继续把这张图像的部分保留，也就是在该图像的基础上进行修改，本节将通过学习在 Seed 基础上作画来解决这个问题，让生成的角色更加稳定，增加作品的一致性和连续性。

（1）先对一幅照片进行反推，反推是 Midjourney 的图生文功能。在输入框中输入 /describe，在 image 输入框中上传图像（可以在按住 Shift 键的同时直接将图像拖入输入框中），如图 3.112 所示。

（2）按 Enter 键上传后，Midjourney 会根据给的图片反推出 4 组完整的提示词，如图 3.113 所示。

图 3.112

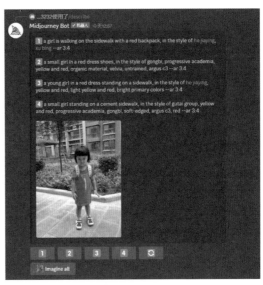

图 3.113

（3）下方的数字代表 4 条关键词，单击即可用该条关键词生成图片，单击 按钮，可以重新反推生成 4 条新的关键词。

（4）Imagine all 按钮可以将 4 条关键词全部生成图像，如图 3.114 所示。

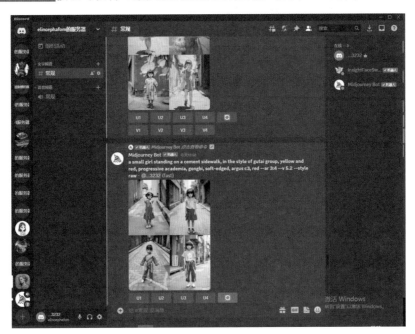

图 3.114

（5）第二幅图比较符合我们的预期（如果没有满意的图，可单击🔄按钮继续生成），单击 U2 按钮，将第二幅图放大，单击图像右上角的⋯按钮，然后单击✉信封图标，如图 3.115 所示。

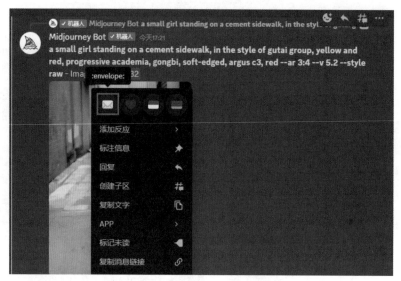

图 3.115

（6）如果没有信封图标，则选择 添加反应 命令，打开"反应"对话框，找到✉信封图标并单击，如图 3.116 所示。

（7）此时系统会发送一个邮件显示该图的 Seed 号码，打开邮件，如图 3.117 所示。

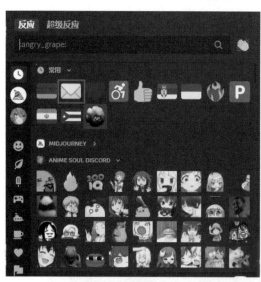

图 3.116

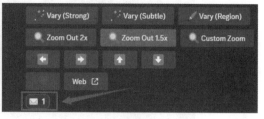

图 3.117

（8）找到图片的 Seed 号码，复制这个号码，如图 3.118 所示。

（9）在输入框中输入 /imagine，按 Enter 键，在蓝色框中粘贴图片的英文描述语，然后按空格键，再输入 Seed 后缀：--seed 116126192，按 Enter 键，系统将自动生成 4 格图像，如图 3.119 所示。

图 3.118　　　　　　　　　　　　　　　图 3.119

（10）如果不满意，可单击 ⟳ 按钮继续生成 4 格图像，直到满意为止，如图 3.120 所示。在 Midjourney 中，Seed 是一个初始的图像或者文本，它会被输入到生成模型中，生成模型会根据 Seed 的特性生成新的图像。因此，Seed 的选择对于生成的图像质量有着至关重要的影响。一个优质的 Seed 可以生成高质量的图像，而一个不合理的 Seed 则可能导致生成的图像质量低下。

图 3.120

3.12　InsightFaceSwap AI 换脸技术

InsightFaceSwap AI 换脸技术是一种先进的科技手段，它能够将一幅人物照片中的脸部特征进行替换，将其转化为其他人的脸部特征。这种技术的实现过程是相当复杂的，首先，需要通过 AI 制作出风格化的底图，这个底图将会作为后续操作的基础。然后，利用 AI 换脸技术，将这个底图中的脸部特征进行替换，将其转化为真人的脸部特征。

这个过程听起来有些复杂，实际上却非常简单。只需要通过几次简单的操作，就可以轻松完成这个过程。而且，这个过程并不需要准备任何场景、灯光、服装、化妆等元素，这无疑大大降低了制作成本。

更重要的是，通过这种方式，可以高效地制作出摄影风格的写真。这些写真不仅具有很高的艺术价值，而且可以满足对于个性化、定制化的需求。因此，无论是从成本还是效果上来看，AI 换脸技术都是一种非常优秀的选择。

3.12.1　添加 InsightFaceSwap 机器人

下面将主要探讨如何利用 Midjourney 的 InsightFaceSwap 工具进行换脸操作。这种技术在实现过程中能够带来一些令人感到新奇和有趣的效果。

换脸技术作为一种人工智能的应用，其本质上是通过算法将一个人的脸部特征替换到另一个人的脸上，从而实现"换脸"的效果。这种技术在某些情况下可以用于娱乐或者艺术创作，然而，必须认识到，在实际应用中，它可能会对他人的隐私权和肖像权产生潜在的侵害，因此，在实际应用中需要谨慎使用换脸技术。必须确保在使用换脸技术的过程中，遵守相关的法律法规，尊重他人的隐私权和肖像权。同时，还需要确保在使用换脸技术的过程中，得到当事人的明确许可。只有在合法合规且当事人允许的前提下，才能使用换脸技术。

（1）将换脸机器人 InsightFaceSwap 添加到 Midjourney 服务器中。在浏览器中输入 https://insightface.ai/，打开 insightface 网站，如图 3.121 所示。

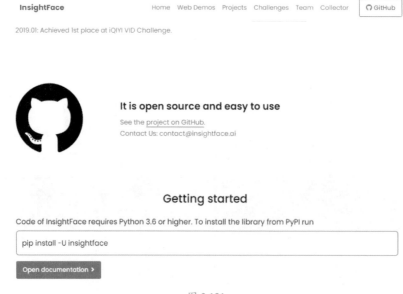

图 3.121

（2）在页面下方单击 Open documentation ＞ 按钮，进入 InsightFaceSwap 页面，进入如图 3.122 所示的子页面，单击机器人邀请链接。

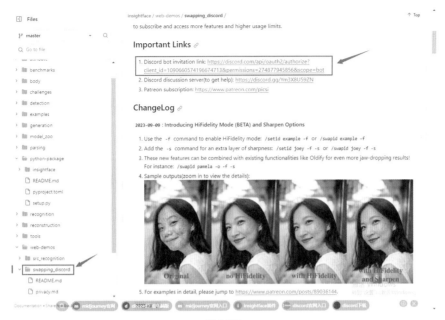

图 3.122

（3）此时会出现"添加至服务器"的选项，选择一个服务器（在 Discord 中建立的服务器），然后单击"继续"按钮，再单击"授权"按钮，如图 3.123 所示。

图 3.123

（4）选择需要添加 InsightFaceSwap 机器人的服务器并单击"邀请"按钮，稍等片刻会提示 InsightFaceSwap 机器人已经添加成功，如图 3.124 所示。

（5）单击 前往 allen0913888的服务器 按钮，在 Discord 服务器中可以看到多了一个 InsightFaceSwap 机器人的图标，如图 3.125 所示。

图 3.124　　　　　　　　　　　　　　　　　　图 3.125

3.12.2　保存人脸模型

下面要保存一些人脸模型到 InsightFaceSwap 中，人脸模型是数码照片（是用作换脸的素材图，一定要选择面部清晰没有遮挡的照片，没有厚重的刘海、帽子或眼镜等，尽量用正脸照片以方便机器人自动换脸）。换脸前后的照片角度最好基本一致，这样才能得到不错的效果。

（1）在输入框中输入 /，系统会自动弹出一系列联想词汇，选择 /saveid idname image 命令，如图 3.126 所示。

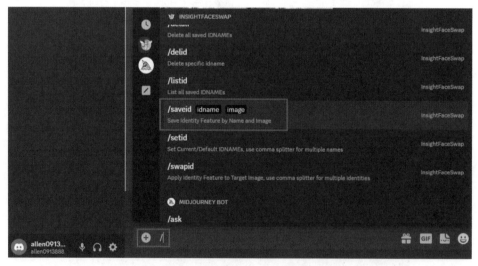

图 3.126

（2）打开资源管理器，选择一幅用于换脸的人物面部图片，将其拖动到 image 中，如图 3.127 所示。

（3）在 idname 后面输入人物的 ID 名称（如 a01），如图 3.128 所示。

图 3.127

图 3.128

（4）按 Enter 键建立一个名为 a01 的脸部，系统出现图 3.129 所示的提示。所有 ID 名称只能是字母和数字，不能超过 8 个字符，注册 ID 总数不能超过 10 个。可以使用 /delid 和 /delall 命令删除已注册的 ID。

（5）用前面的方法可以创建多个人脸模型 ID 名称。这里又创建了 4 个人脸模型，并分别命名为 a02、a03、a04 和 a05。在输入框中输入 /listid，按 Enter 键，可以看到所有创建的人脸模型 ID 名称，如图 3.130 所示。

图 3.129

图 3.130

（6）在输入框中输入 /Setid，按 Enter 键，在 输入框中输入一个人脸模型 ID 名称（如 a01），可将名为 a01 的模型设为当前要换脸的人脸模型。

3.12.3　用 InsightFaceSwap 给数码照片换脸

下面用 InsightFaceSwap 机器人自动给数码照片换脸。

（1）打开资源管理器，选择一幅用于换脸的数码照片，按住 Shift 键的同时将该照片拖动到 Discord 服务器中，如图 3.131 所示。

（2）确保 a01 为当前设置的人脸模型 ID。右击数码照片，在弹出的快捷菜单中选择 APP → INSwapper 命令，如图 3.132 所示。

（3）系统将自动完成换脸。继续用 /Setid 命令指定当前要换脸的人脸模型并用 APP → INSwapper 命令完成其他人物的换脸，如图 3.133 所示。

图 3.131

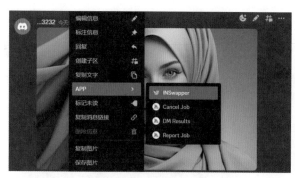

图 3.132　　　　　　　　　　　　　　　　　图 3.133

3.12.4　用 InsightFaceSwap 给 AI 图片换脸

下面生成 AI 图片，并用 InsightFaceSwap 机器人自动换脸。

（1）用翻译软件翻译一段关键词描述，然后在 Discord 输入框中输入 /imagine，按 Enter 键，在蓝色框中粘贴刚才翻译的关键词描述，按 Enter 键，系统自动生成 4 格图像，如图 3.134 所示。

图 3.134

（2）选择一幅图片，单击对应的 U 按钮将其放大，如图 3.135 所示。

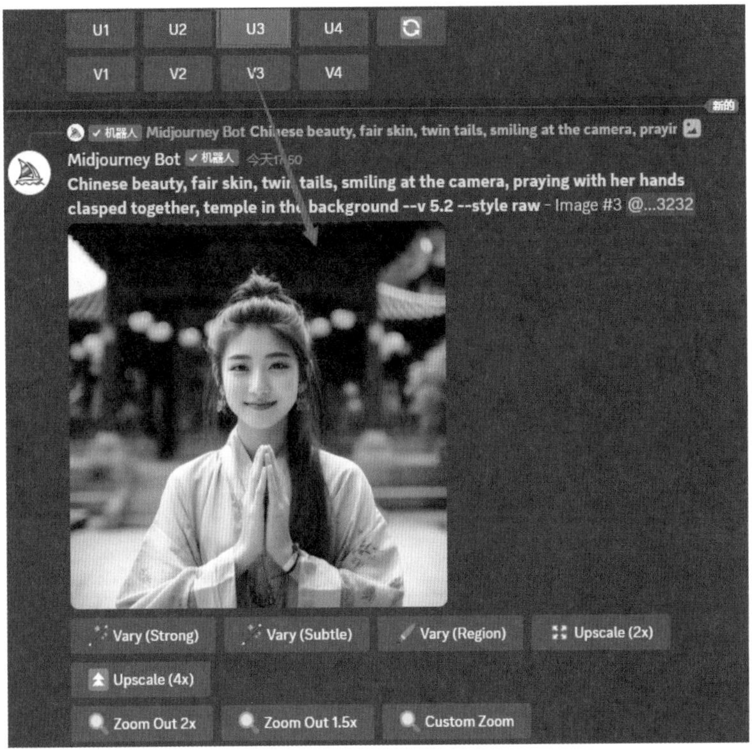

图 3.135

（3）用 /Saveid 命令保存要换脸的人脸模型 ID 名称，然后用 APP → INSwapper 命令完成其他人物的换脸，如图 3.136 所示。

图 3.136

3.12.5　用 InsightFaceSwap 进行多人换脸

（1）用 /Swapid 命令可一次对多人进行换脸，只要在 /swapid idname 后面输入多个人脸模型 ID 名称即可，用英文逗号隔开，在 image 后面输入图片链接，如图 3.137 所示。

图 3.137

（2）多人换脸是 InsightFaceSwap 的付费订阅功能，如果没有付费则会出现提示，如图 3.138 所示。

图 3.138

（3）付费后可成为高级用户，可一次对图片中的 4 个面部同时换脸，还可以给 15 秒以内时长的视频换脸，如图 3.139 所示。

图 3.139

第4章
Midjourney在
摄影领域的应用

4.1　AI 摄影应用概述

　　Midjourney 在摄影领域的应用非常广泛和深入。Midjourney 可以辅助摄影师进行后期创作，解决软件学习难、成本高和版权不明等问题。例如，摄影师可以使用 Midjourney 生成的场景作为后期创作的参考，这不仅可以节省时间，还可以为作品注入新的灵感，如图 4.1所示。

图 4.1

　　Midjourney 绘画在数字艺术领域也有广泛的应用，能够生成各种风格的数字艺术作品，如油画、水彩画、素描等。这对于摄影艺术家来说，提供了一个全新的创作方式和可能。他们可以利用 Midjourney 来模仿优秀的摄影作品，创造出具有独特魅力的 AI 绘画作品，如图 4.2所示。

图 4.2

　　Midjourney 作为人工智能的一种应用，正逐渐展现出其在艺术创作中的独特魅力。它不仅可以辅助摄影师进行后期创作，还可以帮助摄影师进行前期拍摄。例如，通过分析大量的摄影作品，AI 可以帮助摄影师选择最佳的光线和构图，如图 4.3 所示。

图 4.3

    Midjourney 在摄影领域的应用正在不断扩大，它为摄影师提供了全新的创作工具和可能，同时也为摄影艺术的发展带来了新的机遇和挑战，如图 4.4 所示。

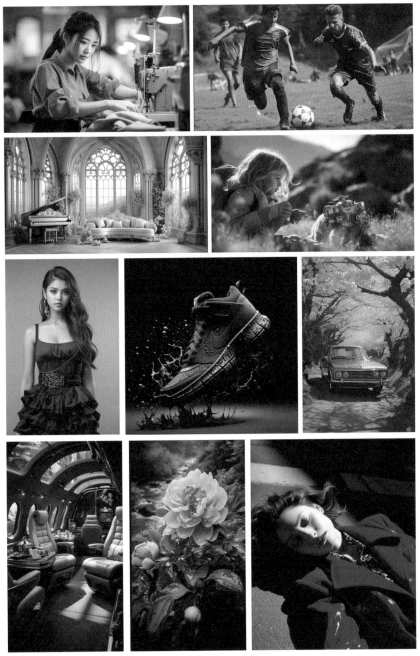

图 4.4

4.2　Midjourney 摄影基础

　　在 Midjourney V5 模型发布之前，Midjourney 在摄影作品生成方面往往存在质量不高的问题，经常出现细节和逻辑上的错误。随着 V5 模型的加入，Midjourney 的摄影作品逐渐变得更加出色。下面就来学习摄影关键词的用法。

4.2.1 认识 AI 摄影

摄影是一门"用光"的艺术，它由摄影师的主观意识、摄影器材和摄影技巧 3 个要素构成。

首先是"摄影师的主观意识"，它代表了摄影师的层次、直觉及对现实的理解等。"主观意识"是摄影的灵魂，它决定了摄影师对于拍摄主题的选择、构图方式及表达方式。一个有良好道德修养的摄影师能够通过镜头传递出积极向上的价值观，让观众在欣赏作品的同时感受到美的力量。

其次是"摄影器材"，它包括摄影器材和辅助工具等。摄影器材是摄影师创作的工具，不同的器材可以带来不同的效果和表现力。例如，广角镜头可以捕捉到广阔的景象，长焦镜头可以将远处的细节拉近，而滤镜则可以改变光线的特性。辅助工具如三脚架、闪光灯等能够帮助摄影师实现更好的拍摄效果。

最后是"摄影技巧"，它指的是用光的艺术、使用器材的技术及后期处理的技术等。摄影的技巧和方法决定了作品的质量和效果。摄影师需要掌握光线的运用，了解不同光线条件下的拍摄技巧，以及如何利用器材来捕捉和表现光线的美。此外，后期处理也是摄影中不可忽视的一部分，通过调整色彩、对比度等参数，可以让作品更加出色。

对摄影有一定的理解之后，再结合 Midjourney 这个关键词生成工具，就能够找到更具体的方向和技巧。Midjourney 可以帮助我们扩展思维，提供一些灵感和创意，让我们的作品更加独特和精彩。通过不断学习和实践，我们可以不断提升自己的摄影水平，创作出更具艺术价值的作品。

4.2.2 摄影出图前的系统设置

首先要设置适合生成摄影图片的模型和参数，Midjourney Model V5.2 模型可以与专业摄影师的作品相媲美。在输入框中输入 /settings，按 Enter 键，打开系统设置模式，选择适合高质量摄影出图的参数，如图 4.5 所示。

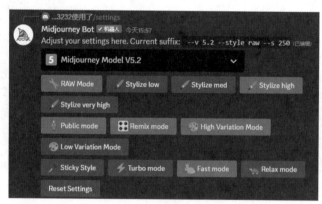

图 4.5

4.2.3 使用摄影专用词汇

在 Midjourney 中，如果只是使用普通的英文描述语（如 a girl、a people 等词汇），可能会得到一幅肖像画而不是人像摄影作品。这是因为这些词汇并没有明确指示出是相机拍摄的照片。如果想生成逼真的人像摄影，可以尝试使用 photo of... 这个词组。此外，还可以使用一些与摄影相关的词汇来增加照片的真实感。例如，可以在描述中提到相机或镜头型号（如 Nikon D80、Sony FE 24-70mm F2.8 GM Ⅱ 等），或者使用诸如 photograph 或 photo Reality 这样的词语来暗示这是相机拍摄的照片。通过这些方法可能获得想要的人像摄影效果。图 4.6 所示为有摄影描述词（左）和没有摄影描述词（右）的对比。

图 4.6

4.2.4　摄影的关键词万能公式

根据上述分析，大家可能已经积累了许多 AI 生成摄影作品的思路。为了帮助大家进一步打开思路，下面提供一个关键词参考公式。通过将这些关键词组合在一起，可以形成一个更完整和有条理的思考框架。

关键词参考公式如下：

主体描述词＋光线／灯光的关键词＋摄影器材的关键词＋摄影技巧或风格的关键词

将这些关键词组合在一起，可以形成一个更完整和有条理的思考框架。例如，一个标准的摄影出图描述语如下：a photo of a man（一张男人的照片），black mood lighting（黑暗情绪照明），Close-Up（特写镜头），red background（红色背景），出图效果如图 4.7 所示。

图 4.7

4.2.5　关于摄影质量的描述

在 Midjourney 中有不同的摄影品质描述方法，专业摄影质量有 high detail（高细节）、hyper quality（高品质）、high resolution（高分辨率）、HD（高清晰度）、2K/4K/8K（2K 画质/4K 画质/8K 画质）、ultra realistic（超逼真）、ultra high detail（超高细节）。图 4.8 所示的描述中有相关清晰度的描述。

提示词：beautiful woman in late 20s, headphones, full body shot, bionic, android, futuristic, hyper quality, 8K（20 多岁的漂亮女人，耳机，全身照，仿生机器人，未来主义，超高品质，8K），生成的效果如图 4.9 所示。

图 4.8

图 4.9

4.3 Midjourney 在人像摄影领域的应用

Midjourney 可以通过智能识别和分析优秀人物摄影特征，如构图、使用的硬件器材、色调和光照效果等，使照片更加清晰、自然、美观。此外，Midjourney 还可以通过关键词描述，对人物进行智能美颜、瘦脸、瘦身等处理，让人物看起来更加完美。

除了在后期处理方面发挥作用，Midjourney 还可以用于人像摄影中的创意设计。例如，一些软件可以通过 AI 技术将多张照片合成为一张具有艺术感的人像照片；还有一些软件可以通过 AI 技术将人物与不同的背景进行融合，创造出独特的视觉效果。这些创意设计不仅可以提高人像照片的艺术价值，还可以满足人们对个性化和多样化的需求。如何构建关键词用 Midjourney 生成更加真实、质量高、艺术水平高的人像照片呢？下面就来学习人像摄影关键词的用法。

4.3.1 8 个专业人像摄影词汇

图 4.10

在描述语中加入体现人像摄影风格的词汇，可以让 Midjourney 快速知道你要生成图像的具体类型，如 Traditional Portrait（传统肖像）、Natural Light Portrait（自然光肖像）或 Documentary Portrait（纪录片肖像）等。

1. Traditional Portrait（传统肖像）

提示词：Photograph, Traditional portrait, A portrait of a Renaissance young half Asian american girl, 25 years old, European royal custome, looking at the camera smiling（照片，传统肖像，一个文艺复兴时期年轻的半亚裔美国女孩的肖像，25 岁，欧洲皇家风俗，看着相机微笑），生成的效果如图 4.10 所示。

2. Natural Light Portrait（自然光肖像）

提示词：Photograph, Natural light portrait, Organic life woman advertisement home, high resolution, sharp photo, super realistic, bright skin texture（摄影，自然光人像，有机生活女性家居广告，高分辨率，照片清晰，超逼真，肌肤纹理明亮），生成的效果如图 4.11 所示。

3. Documentary Portrait（纪录片肖像）

提示词：photograph of of a man sitting at a laptop in a home office, struggling, dim, somber, natural features, documentary portrait（一个男人坐在家庭办公室的笔记本电脑前的照片，挣扎，昏暗，忧郁，自然的特征，纪录片肖像），生成的效果如图 4.12 所示。

图 4.11

图 4.12

4. Black and White Portrait（黑白肖像）

提示词：Photograph, Thirty-five year old woman, pretty, black and white portrait（照片，35 岁的女人，漂亮，黑白肖像），生成的效果如图 4.13 所示。

5. Fashion Portrait（时尚肖像）

提示词：Fashion portrait, beautiful female model in sunglasses and hat on the background of red curtain and red geometric objects（时尚肖像，在红色窗帘和红色几何物体的背景上，戴着太阳镜和帽子的漂亮女模特），生成的效果如图 4.14 所示。

图 4.14

图 4.13

6. Environmental Portrait（环境肖像）

提示词：environmental portrait, the unique chinese engineer wears work clothes and stands at the site of an environmental protection project surrounded by green trees, proudly displaying her results（环境肖像，中国工程师身着工作服，站在绿树环绕的环保工程现场，骄傲地展示着自己的成果），生成的效果如图 4.15 所示。

图 4.15

7. Artistic Portrait（艺术肖像）

提示词：a beautiful 40yo chinese lady. thunder and storm, a desolate battlefield under dark clouds. vibrant color of scarlet red and pale silver.high fashion or business or evening wear.fullbody shot, artistic portrait（一位漂亮的 40 多岁的中国女士。雷电和暴风雨，阴云下的荒凉战场。鲜艳的猩红色和淡银色。高级时装、商务或晚装。全身摄影，艺术肖像），生成的效果如图 4.16 所示。

图 4.16

8. Rugged Style Portrait（粗犷风格肖像）

提示词：rugged style portrait, male, 30s, dark hair and beard, greying（粗犷风格肖像，男性，30 多岁，深色头发和胡须，灰色系列），生成的效果如图 4.17 所示。

图 4.17

4.3.2　7 个专业人像摄影灯光词汇

在 Midjourney 中准确的灯光提示词可以让画风转变，如 Soft Lights（柔光）、Moonlight（情绪灯光）或 Dark Lighting（黑暗灯光）等。

1. Soft Lights（柔光）

提示词：1980s isolation female, muted pastels, ultra minimalism vaporwave, slow motion blur, 35mm photography, soft lights（20 世纪 80 年代与世隔绝的女性，柔和的色彩，超极简主义的蒸汽波，慢动作模糊，35 毫米摄影，柔光），生成的效果如图 4.18 所示。

图 4.18

2. Bisexual Lighting（气氛光）

提示词：high quality photo detail, woman head, 50mm photo, careful posing, beauty product photography, 8K bokeh, transparent background, bisexual lighting（高品质的照片细节，女性头部，50 毫米照片，摆姿势，美容产品摄影，8K 散景，透明背景，气氛光），生成的效果如图 4.19 所示。

图 4.19

3. Natural Lighting（自然光）

提示词：in the building model room, the bright sun shines on the model, and the spring breeze blows through the branches outside the window, depth of field control method, colorism, 64K, HDR, natural lighting（建筑室内，明媚的阳光照耀着模型，春风吹过窗外的树枝，景深控制方法，色彩，64K，HDR，自然光），生成的效果如图 4.20 所示。

图 4.20

4. Rembrandt Lighting（三角光）

提示词：a moment back in time, rembrandt lighting, pop art, 64K, hyper quality（回到过去，三角光，流行艺术，64K，高品质），生成的效果如图 4.21 所示。

图 4.21

5. Backlight（逆光）

提示词：kallitype black and white photography, rich-brown yellow-purple, shallow depth of field, female portrait. window with sunny backlighting, extremely narrow depth of field（Kalli 风格的黑白摄影，富褐黄紫色，浅景深，女性肖像。窗户采用阳光逆光，景深极窄），生成的效果如图 4.22 所示。

图 4.22

6. Dark Lighting（黑光）

提示词：As she walked through the thick forest, she began to feel a kind of fear. Before, she had heard the rustling of living things, the singing of birds, and the sound of running water, dark lighting（当她穿过茂密的森林时，她开始感到一种恐惧。以前，她曾听到过生物的沙沙声、鸟儿的歌声和流水的声音，黑光），生成的效果如图 4.23 所示。

图 4.23

7. Dramatic Lighting（剧场光）

提示词：iker casillas, goalkeeper, dramatic lighting（伊克尔·卡西利亚斯，守门员，剧场光），生成的效果如图 4.24 所示。

图 4.24

4.3.3 8 个专业人像摄影视角词汇

在 Midjourney 中，视角的描述十分重要，它决定了我们想要表达的重点，直接影响画面的视觉效果和情感表达。下面介绍几种常见的插画视角景别。

图 4.25

1. Detail Shot（极特写镜头）

提示词：High resolution close up photograph of a female paramedics face, Detail Shot（高分辨率特写照片的女护理人员的脸，极特写镜头），生成的效果如图 4.25 所示。

2. Big Close-Up（大特写）

提示词：big close up of a woman face, documentary style photograph（大特写的女性面孔，纪录片风格的照片），生成的效果如图 4.26 所示。

3. Chest Shot（胸部以上镜头）

提示词：Chest Shot, Man with glasses in a bulletproof vest as a body armor, shirt with a tie（胸部以上镜头，戴眼镜的男人穿防弹背心，衬衫配领带），生成的效果如图 4.27 所示。

图 4.26

图 4.27

图 4.28

4. Waist Shot（腰部以上镜头）

提示词：Waist Shot, black and white photo, in a crop field, an image of a woman wearing a suit and shirt with belt, in the style of Yves Saint Laurent（腰部以上镜头，黑白照片，在土地里，一个女人穿着西装衬衫和腰带的照片，圣罗兰的风格），生成的效果如图 4.28 所示。

5. Knee Shot（膝盖以上镜头）

提示词：Knee Shot, Women with short hair black trousers an white shirt walking at the beach of sankt peter ording germany（膝盖以上镜头，短发，黑裤子衬衫，女人在德国圣彼得号的海滩上散步），生成的效果如图 4.29 所示。

图 4.29

6. Full Length Shot（全身照）

提示词：Full length shot, photograph of a young male model, modern formal attire, sneakers, white socks（全身照，一个年轻男模的照片，现代正装，运动鞋，白袜子），生成的效果如图 4.30 所示。

7. Long Shot（远景）

提示词：Long shot，A couple looking at two spaceships on the road, in the style of video art, whimsical gag-humour（远景，一对情侣在路上看着两艘宇宙飞船，视频艺术风格，幽默剧），生成的效果如图 4.31 所示。

图 4.30

8. Extreme Long Shot（大远景）

提示词：Lonely, Extreme long shot（孤独，大远景），生成的效果如图 4.32 所示。

图 4.31

图 4.32

4.4 照相机和胶片词汇在摄影中的应用

众多大师曾借助各种型号的相机和胶片创作出了卓越的作品。将这些相机和胶片的信息输入 Midjourney 指令，便能生成独具特色的作品：从充满活力的运动相机到俯瞰世界的无人机；从色彩斑斓的彩色胶片到质感细腻的黑白胶片。

4.4.1　6种不同的照相机

在 Midjourney 中，每种相机都能赋予照片与众不同的个性，添加一些高端相机或具有独特成像风格的相机会带来不同的效果。

1. Hasselblad X1D（哈苏推出的一款无反光镜中画幅数码相机，适用于追求极致画质的专业摄影师）

提示词：photo of trees and cloud（树和云的照片），生成的效果如图 4.33 所示（左图是普通效果；右图是增加了 Hasselblad X1D 提示词的效果，构图上也变得更为讲究，画面看上去更简洁，更有艺术效果）。

图 4.33

提示词：snow covered peaks（白雪覆盖的山峰），生成的效果如图 4.34 所示（左图是普通效果；右图是增加了 Hasselblad X1D 提示词的效果，画面的纵深感更强）。

图 4.34

2. Leica M Monochrom（这是徕卡公司设计的专门拍摄高分辨率图像的专业相机。它具有更广泛的动态范围，从而产生更细致的灰度图像）

提示词：A split-rail fence stretches across the countryside, dividing the lush green fields, long exposure photography（一道分叉的栅栏横跨乡村，分割着郁郁葱葱的绿色田野，长时间曝光的摄影），生成的效果如图 4.35 所示（左图是普通效果；右图是增加了 Leica M Monochrom 提示词的效果，如果要让 Midjourney 生成低饱和度的大片，不妨把这个相机加入指令）。

图 4.35

提示词：A child dancer, dancing gracefully in a ballet, high speed continuous shooting（一个儿童舞蹈演员，优雅地跳着芭蕾舞，高速连续拍摄），生成的效果如图 4.36 所示（左图是普通效果；右图是增加了 Leica M Monochrom 提示词的效果，画面的立体感更强）。

图 4.36

3. Polaroid（拍立得的 Midjourney 风格与傻瓜相机有些相似，但色彩更加柔和，画面呈现出复古而梦幻的效果。用拍立得拍摄的照片偶尔会带有宝丽来标志和白色边框）

提示词：Polaroid,Sailor moon wearing classic combat uniform, holding magic weapons（拍立得照片，水手月穿着经典的战斗服，手持魔法武器），生成的效果如图 4.37 所示（左图是普通效果；右图是增加了 Polaroid 提示词的效果，画面更加复古，颜色饱和度也低了很多）。

图 4.37

提示词：fullbody, dark skin color,chubby one in swim trunks three fat 16 year old friends（全身，深色皮肤，三个胖胖的 16 岁的朋友），生成的效果如图 4.38 所示（左图是普通效果；右图是增加了 Polaroid 提示词的效果，画面出现了拍立得边框）。

图 4.38

4.Drone Photography（无人机能够克服摄影师的身体限制，从更高的角度进行拍摄，常常带来令人惊喜的艺术效果）

提示词：A girl is riding a bike in the field（一个女孩在野外骑自行车），生成的效果如图 4.39 所示（左图是普通效果；右图是增加了 Drone Photography 提示词的效果，画面的视角更加高远）。

提示词：Tourists take pictures in the scenic area, 4K, high detail（游客在景区拍照，4K，高细节），生成的效果如图 4.40 所示（左图是普通效果；右图是增加了 Drone Photography 提示词的效果，画面视角产生了变化）。

图 4.39

图 4.40

5. Action Cameras（运动相机是专为运动场景设计的相机，与单反相机相比，拍摄出的照片具有独特的艺术效果。大多数运动相机都配备了非常广角的镜头，类似于单反相机的鱼眼镜头。拍摄出的照片图像中心被放大，边缘呈现变形效果。这种效果能够让观众拥有身临其境的第一人称视角）

提示词：A handsome man riding the wind on a surfboard（一个英俊的男人在冲浪板上乘风破浪），生成的效果如图 4.41 所示（左图是普通效果；右图是增加了 Action Cameras 提示词的效果）。

图 4.41

提示词：extreme sports, realistic, high definition（极限运动，真实，高清晰度），生成的效果如图 4.42 所示（左图是普通效果；右图是增加了 Action Cameras 提示词的效果，画面视角产生了变化）。

图 4.42

6. Lomography（这是一款源自俄罗斯的 35mm 胶片相机。凭借其独特的图像特性，迅速成为摄影师和艺术家的最爱，并引发了 Lomography 运动的诞生。将 Lomography 添加到 Midjourney 指令后，图像会呈现出梦幻和复古的感觉，色彩也更加鲜艳饱和）

提示词：Photography, balcony, plants, sunshine（摄影，阳台，植物，阳光），生成的效果如图 4.43 所示（左图是普通效果；右图是增加了 Lomography 提示词的效果，画面的色调产生了变化）。

图 4.43

提示词：young woman gets emotional in the middle of a city with futusistic organic parts of complicated bio structures（一个情绪化的年轻女子在复杂生物结构的未来主义城市中心），生成的效果如图 4.44 所示（左图是普通效果；右图是增加了 Lomography 提示词的效果，画面的色调产生了变化）。

图 4.44

4.4.2　6 种不同的胶片效果

在数码摄影盛行的今天，胶片摄影并未消失，而是以其独特的魅力成为永恒的经典。在 Midjourney 中添加一些胶片相关的关键词也会对生成图像的风格产生影响。下面介绍一些以独特照片风格而闻名的胶片。

1. Kodak Portra 400（柯达胶片以细腻的纹理和美丽的肤色而闻名，非常适合拍摄肖像照片）

提示词：a young Chinese girl standing in a garden. She has fair skin that exudes a youthful radiance and possesses an endearing and cute aura. Her smile is as bright as the sun, and her black hair cascades over her shoulders（一个年轻的中国女孩站在一个花园里。她皮肤白皙，散发着青春的光彩，有一种可爱的气质。她的笑容像太阳一样明亮，她的黑发如瀑布般垂落在她的肩头），生成的效果如图 4.45 所示（左图是普通效果；右图是增加了 Kodak Portra 400 提示词的效果）。

图 4.45

提示词：Street style photo of a man, 6.3 inch tall, white（街头风格的照片，一个男人，6.3 英寸高，白色），生成的效果如图 4.46 所示（左图是普通效果；右图是增加了 Kodak Portra 400 提示词的效果）。

图 4.46

2. Kodak Tri-X 400（这是一款具有良好的对比度和颗粒感的胶片，适合街拍，适合拍摄经典黑白照）

提示词：Beach hut shot on a holga（海滩小屋的照片），生成的效果如图 4.47 所示（左图是普通效果；右图是增加了 Kodak Tri-X 400 提示词的效果，画面的色调产生了变化）。

图 4.47

提示词：a photo by river, nautical charm, villagecore（河边的照片，航海主题，村庄的中心），生成的效果如图 4.48 所示（左图是普通效果；右图是增加了 Kodak Tri-X 400 提示词的效果，画面的色调产生了变化）。

图 4.48

3. Ilford 400（这是一款高感光度黑白胶片，以其明显的颗粒结构而闻名，非常适合在弱光条件下拍摄）

提示词：Photography, film grain, street（摄影，胶卷纹理，街道），生成的效果如图 4.49 所示（左图是普通效果；右图是增加了 Ilford 400 提示词的效果，画面的色调产生了变化）。

图 4.49

提示词：1980s, monumentos alienígenas en el planeta tierra, incrustados en las ciudades, motion blur（20 世纪 80 年代，外星人在地球上的纪念碑，镶嵌在城市里，运动模糊），生成的效果如图 4.50 所示（左图是普通效果；右图是增加了 ilford 400 提示词的效果，画面的色调产生了变化）。

图 4.50

4. Rollei Infrared 400（红外胶片是一种能够将绿色树叶渲染成鲜红色和粉红色调的特殊胶片，创造出梦幻般的风景效果）

提示词：Two chinese children wait anxiously at their doorsteps（两个中国孩子在门口焦急地

等待着），生成的效果如图 4.51 所示（左图是普通效果；右图是增加了 Rollei Infrared 400 提示词的效果，画面的色调产生了变化）。

图 4.51

提示词：photography, creepy dreamy desert dune jungle（摄影，令人毛骨悚然的梦幻沙漠沙丘丛林），生成的效果如图 4.52 所示（左图是普通效果；右图是增加了 Rollei Infrared 400 提示词的效果，画面的色调产生了变化）。

图 4.52

5. Kodak Gold 200（这是一款胶片时代最常用的家庭旅行胶卷，以饱和的色彩和暖色调著称）

提示词：1990s film scene（20 世纪 90 年代的电影场景），生成的效果如图 4.53 所示（左图是普通效果；右图是增加了 Kodak Gold 200 提示词的效果，画面的色调产生了变化）。

图 4.53

提示词：Jil Sander fashion. Shot by Craig McDean. Flat light. Shallow depth of field（吉尔桑德时尚，由克雷格麦克迪恩拍摄，平光，浅景深），生成的效果如图 4.54 所示（左图是普通效果；右图是增加了 Kodak Gold 200 提示词的效果，画面的色调产生了变化）。

图 4.54

6.Daguerreotype（如果想实现 19 世纪的彩色胶片，可以使用 Daguerreotype，也就是银版照相类型。这种技术可以在涂层铜板上产生黑白图像）

提示词：Victorian circus sideshow freak performer（维多利亚时代的杂耍表演者），生成的效果如图 4.55 所示（左图是普通效果；右图是增加了 Daguerreotype 提示词的效果，画面的色调产生了变化）。

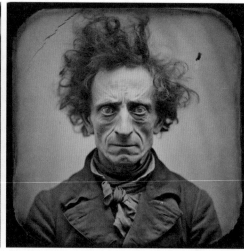

图 4.55

提示词：A vintage darkroom photo portrait of a Jackalope,vintage collodion plate photography（一张 Jackalope 的老式暗室照片肖像，老式的火龙牌照片），生成的效果如图 4.56 所示（左图是普通效果；右图是增加了 Daguerreotype 提示词的效果，画面的色调产生了变化）。

图 4.56

第5章
Midjourney
在服装设计领域
的应用

5.1 AI 服装设计应用概述

在服装领域，AI 绘画技术正逐渐崭露头角，为设计师和消费者带来了全新的体验和机遇。下面将探讨 AI 绘画在服装领域的应用，并分析其对时尚产业的影响。

5.1.1 创意灵感的提供

设计师在进行服装设计时，常常需要寻找灵感和创意。AI 绘画技术可以为设计师提供大量的创意素材和灵感来源。通过输入不同的关键词或风格要求，AI 可以生成与设计师需求相符的图像，帮助设计师快速找到合适的创意方向，如图 5.1 所示。

图 5.1

5.1.2 图案和纹理的设计

AI 绘画技术可以生成各种独特的图案和纹理，为服装设计提供了更多的可能性。设计师可以通过与 AI 交互，调整参数和样式，生成符合自己需求的图案和纹理。这不仅可以提高设计效率，还可以创造出与众不同的设计风格，如图 5.2 所示。

图 5.2

5.1.3　服装搭配和展示

　　AI 绘画技术可以帮助设计师进行服装搭配和展示。通过输入不同款式的服装图片，AI 可以自动生成多种搭配方案，并提供相应的展示效果。这可以帮助设计师更好地展示自己的作品，提高销售效果，如图 5.3 所示。

图 5.3

5.1.4 AI 绘画对服装产业的影响

1. 提高设计效率

传统的服装设计过程通常需要设计师花费大量的时间和精力进行手绘和样品制作。AI 绘画技术可以快速生成设计方案，大大提高了设计效率。设计师可以将更多的时间用于创新和改进，从而提高整个时尚产业的竞争力。

2. 个性化定制

AI 绘画技术可以根据个人的需求和喜好生成个性化的服装设计。消费者可以通过与 AI 交互，选择自己喜欢的颜色、图案和款式，从而获得独一无二的服装设计。这种个性化定制的方式可以满足消费者对独特性和个性化的需求，提高消费者的购买满意度。

3. 降低设计成本

在传统的服装设计过程中，设计师需要进行大量的手绘和样品制作，这需要耗费大量的人力和物力资源。AI 绘画技术可以快速生成设计方案，减少了设计和制作的成本。同时，AI 绘画技术还可以通过模拟和优化，减少样品制作的时间和成本，进一步提高了时尚产业的效益。

4. 推动时尚产业的发展

AI 绘画技术的应用可以推动时尚产业的发展。通过提供更多的创意灵感和设计工具，AI 绘画技术可以帮助设计师创造出更具创新性和市场竞争力的作品。同时，个性化定制和降低设计成本的优势也可以吸引更多的消费者参与时尚消费，促进时尚产业的繁荣发展，如图 5.4 所示。

图 5.4

5.2　服装设计原则

款式、面料和色彩是服装造型的三大要素，其中款式是构成造型设计的核心部分，包括整体和局部两个方面。整体造型主要通过廓形和主体结构线的关系（立体与平面的关系）来实现。廓形决定了结构线的设计方式，结构线决定了廓形的状态。因此，结构的创意构成了整体造型的主要内容。本章将学习服装款式设计的基本概念。

5.2.1　服装款式造型效果

服装廓形和款式设计是服装造型设计的两大重要组成部分。服装廓形指的是服装的外部造型线，也被称为轮廓线。服装款式设计是指服装的内部结构设计，包括领、袖、肩、门襟等细节部位的造型设计。

服装廓形是服装造型设计的基础。作为直观的形象，服装的剪影般的外部轮廓特征会迅速且强烈地吸引人们的目光，给人留下深刻的总体印象。同时，服装廓形的变化也会对服装款式的设计产生影响和制约。

另一方面，服装款式的设计丰富并支撑着服装的廓形。通过巧妙的设计，可以突出服装的廓形特点，使其更加吸引人的眼球。因此，在服装造型设计中，廓形和款式设计是相互依存、相互影响的。

1. S 形结构

S 形结构是所有廓形中最复杂的一种，它需要通过具有省功能的曲线分割来完成。其创意的重点是利用省移、省缝变断缝、断缝和褶的组合来产生。值得注意的是，S 形主体结构的变化通常是根据人体的曲面展开的，否则，服装结构就无法与人体体形相匹配，从而使 S 形结构失去意义，如图 5.5 所示。

2. H 形结构

H 形结构整体上以直线结构为主，其创意是通过中性的、整体稳定的直线分割与省的结合来实现。尽管分割的曲线特征仍然保留，但需要说明的是，H 形与 A 形、Y 形在整体结构中并没有严格的界限，O 形也是如此。这是因为它们的主体结构都是直线，只是根据立体外形的区别，在结构中（纸样中）强调的部位不同，如图 5.6 所示。

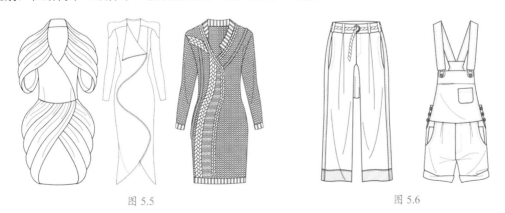

图 5.5　　　　　　　　　　　　　　　图 5.6

3. A 形和 Y 形结构

A 形的特点是下摆宽大，肩胸合体；Y 形则是肩胸宽松，下摆收紧。在整体结构上，它们采用了相反的斜线设计。A 形的创意是通过利用面料的活络感和悬垂性，使大下摆产生自然流动的效果。而 Y 形的创意则利用面料的张力和硬挺度，结合阔肩窄摆的结构设计，使其具有刚性（男性）感。因此，在设计 Y 形主题时，不适宜采用软性材料，如图 5.7 所示。

4. X 形和 O 形结构

X 形基本上是在 S 形结构的基础上夸张肩部和下摆完成的。其造型重点基本是 S 形和 A 形结合的产物。O 形可以理解为是在 H 形结构的基础上，通过收边口的工艺达到 O 形立体效果。收边口的部位主要是袖口和衣摆，因此，O 形的衣长受到限制，一般以短上衣、夹克为主，最长保持在中长上衣的水平。O 形的造型焦点基本上集合了宽松结构的所有特点，如图 5.8 所示。

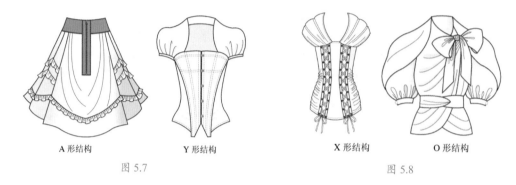

| A 形结构 | Y 形结构 | X 形结构 | O 形结构 |

图 5.7　　　　　　　　　　　　　　　　　　　　　图 5.8

5.2.2　服装款式设计中的审美原则

1. 平衡

平衡也称为均衡，指的是两边等质等量所形成的比例给人一种平衡感。在服装设计中，更倾向于追求视觉效果上的平衡，即整体或部分在量感和动感作用下产生的稳定形式。平衡的概念可以分为两种：对称平衡与不对称平衡。不对称的平衡以廓形、色彩或装饰方面的不对称为特征，能够快速引起人们的注意，较前者随意多变。

2. 比例

比例是指设计中不同大小的部位之间的相互配比关系。例如，上衣与下装的面积比；连衣裙腰线的上下长度比；肩宽与衣摆的宽度比；色彩、材料和装饰的分配面积比；服装各部位所占的体积比等。黄金比例是设计中经常使用的配比方法，如图 5.9 所示。

3. 节奏、韵律

韵律也被称为节奏或旋律，是指有规律地重复出现的线条、色彩和装饰等变化的美学法则。它可以分为反复、阶层、流线和放射 4 类，表现形式包括连续、渐变、交错和起伏等。强调是一种画龙点睛、突出重点的美学法则。以下是一些常用的方法。

不对称　　　　　对称

图 5.9

强调线条：可以通过在裙装中加入褶皱或使用装饰缝来突出线条。

强调色彩：例如，用红色上衣搭配黑色袋盖，或用白色衬衫搭配蓝色克夫袖口。

强调材料：可以在裙装上镶嵌毛皮外套，以突出两种面料的材料对比。

强调工艺：高档上衣可以内附衬里并加上挺胸衬、下节衬和垫肩等，这在高级成衣和高级定制服中表现得非常突出。

强调装饰：可以在服装上绣花、印字、绘画、添加花边、袖襟和肩襟等。然而，强调装饰应因人而异，切忌过多中心导致重点分散。

4. 反复

要真正掌握这些原理，关键在于在日常生活中进行美感训练，不断提高欣赏水平，增强对美的判断能力。只有这样，设计能力才能真正成熟，作品才能具有感染力，更别提创意了。

5.2.3　服装款式设计中的色彩应用

1. 主色调统一

通过归纳多个色彩中的共同因素并加强其特质，可以使用一种主色调来统一系列中的各个色彩，从而创造出某种特定的气氛，增强整体的一致性。

2. 均衡调整

均衡调整是根据色彩的特性进行调整，以使整体感觉上分量相等的方法。对称的均衡可能显得呆板，但如果改为不对称的形式，效果会更加活泼且具有变化。这也是均衡性的调整，但要求设计者具备较高的技巧。

3. 分割色协调

当色彩关系对立冲突或模糊暧昧时，可以使用一些无彩色和金属色的线形来分割各个色彩，通常能够起到很好的缓冲作用。

4. 加入强调色

为解决系列整体单调乏味的感觉，可以在服装的某个部分使用醒目且面积较大的色彩，如主色的强调色（左图中粉红色为强调色）或互补色（右图中的橘色和蓝色为互补色），如图 5.10 所示。

5. 层次的律动变化

通过有秩序、层次性地配置多个色彩，可以使色彩在等级数上产生层次变化，或者在明度上由浅至深，或者在明度上由纯至浊，或者在色相上由红至蓝，或者在面积上由大至小。这样的渐变色彩效果既活泼又富有节奏感，具有很强的秩序性，给人们以强烈的韵律美，如图 5.11 所示。

图 5.10

图 5.11

5.3 给同一个角色赋予不同的表情和动作

在设计连续的人物角色小卡时，常常会遇到如下困扰：如何快速生成一个包含多种动作或表情的同一角色？这不仅需要有丰富的想象力，更需要掌握一些技巧。本节就来学习一种有效的方法——使用描述命令。

5.3.1 给同一个角色赋予不同的动作

首先需要明确角色的动作。这是描述命令的基础，也是最重要的一步。需要根据角色的性格、情绪、环境等因素，来确定角色的动作。例如，如果角色是一个勇敢的战士，那么他的动作可能是挥舞剑、冲锋陷阵。本节将制作一个连续动作的红衣汉服女孩。

（1）确定绘画风格，在输入框中输入 /settings，按 Enter 键。设置风格为 Niji Model V5（卡通风格），其他设置如图 5.12 所示。

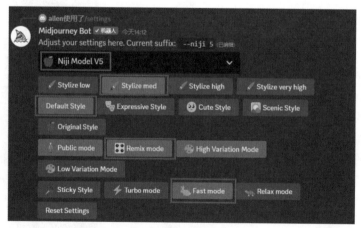

图 5.12

（2）可以在描述词中使用"多种不同的动作"（如 6 种不同的动作——six different movements）命令，获得连续的人物动作，如图 5.13 所示。

（3）单击 ↻ 按钮，还可以使用其他替换词，例如，在描述词中使用"多种不同的姿势面板"（如 6 种不同的姿势面板——six panels with different poses）命令，如图 5.14 所示。

图 5.13　　　　　　　　　　　　　　　　　　　图 5.14

（4）单击"提交"按钮，可以获得连续的人物动作，如图 5.15 所示。

图 5.15

（5）单击 ↻ 按钮，在描述词前面可以加 Full body（全身）提示词，单击"提交"按钮，可以获得全身的连续人物动作，如图 5.16 所示。

（6）单击 V3 按钮，选择第三个进行生成，将得到更多的连续动作，如图 5.17 所示。

图 5.16

图 5.17

5.3.2　给同一个角色赋予不同的表情

在文字的世界里，经常会遇到各种各样的角色。他们有的英勇无畏，有的狡猾多变，有的善良纯真，有的冷酷无情。然而，这些角色的魅力并不仅仅在于他们的言行举止，更在于他们丰富多样的表情。本节将制作同一个角色的不同表情。

（1）在上一个练习中选择一幅满意的连续头像，单击 U 按钮放大，如图 5.18 所示。

（2）单击 Vary (Subtle) 按钮，在描述词前面使用"多种不同的表情面板"（如 3 种不同的表情面板——three different expression panels）等命令，获得连续的人物表情，如图 5.19 所示。

图 5.18

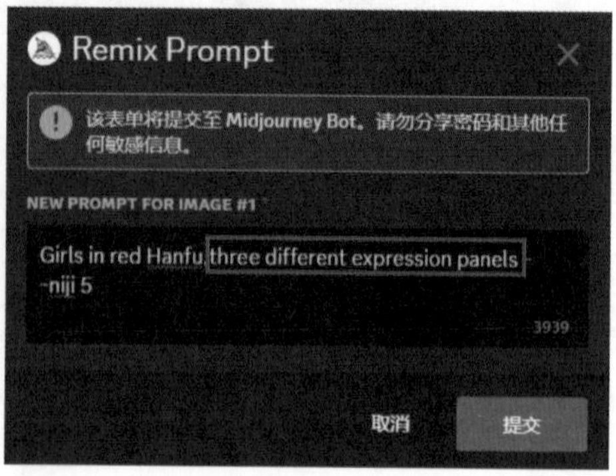

图 5.19

（3）单击"提交"按钮，可以获得连续的人物表情，如图 5.20 所示。

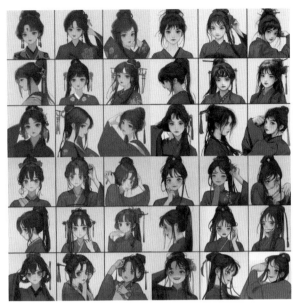

图 5.20

（4）单击 ↻ 按钮，可以获得更多的连续人物表情，也可以通过精准地输入表情词汇获得想要的表情，如图 5.21 所示。

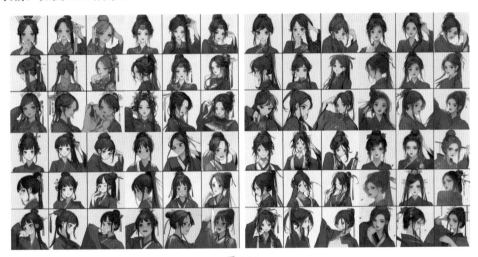

图 5.21

5.4　设计一个角色概念表

在现实世界的框架之外存在一个由动漫、漫画、游戏等载体创造的虚拟世界，我们称之为"二次元"文化。这个世界与我们所生活的现实迥然有别，它充满了无限的想象力和创造力，为创作者提供了一个独特的创作空间。在这个空间中，创作者可以自由地发挥自己的想象力和创造力，构建一个完整的虚拟世界，包括人物、场景、故事等，从而让观众沉浸其中并产生共鸣。下面一起学习如何设计一个虚拟动漫角色。如果你是一位设计师，正在为创作具有一致姿势和表情的人物而感到困扰，那么尝试使用以下关键词作为启发，将会大有裨益。

5.4.1 Character Expression Sheet（角色表情表）

角色的表情管理是非常重要的，可以用角色表情表来得到更多的表情。

（1）在输入框中输入 /imagine，按 Enter 键，在蓝色框中输入 Sailor Moon（美少女战士），在描述语后添加 Character expression sheet 命令，就可以生成角色表达表。按 Enter 键发送，如图 5.22 所示。

图 5.22

（2）单击 ⟳ 按钮，在原有命令中加入 Full body（全身）命令，按 Enter 键重新生成，如图 5.23 所示。

图 5.23

5.4.2 Character Pose Sheet（角色姿态表）

角色的表情管理是非常重要的，可以用角色表情表来得到更多的表情。

在输入框中输入 /imagine，按 Enter 键，在蓝色框中输入 yoga teacher, light brown hair, long skinny beautiful legs（瑜伽老师，浅棕色头发，修长美腿），在描述语后添加 Character pose sheet 命令，就可以生成角色姿势表。按 Enter 键发送，如图 5.24 所示。

图 5.24

5.4.3　Multiple Pose Sheet Asset（多姿态资产表）

在输入框中输入 /imagine，按 Enter 键，在蓝色框中输入 Female high school students, Straight bangs, isolate on white background（女高中生，直刘海，孤立的白色背景），在描述语后添加 Multiple pose sheet asset 命令，就可以生成角色多姿态资产表。按 Enter 键发送，如图 5.25 所示。

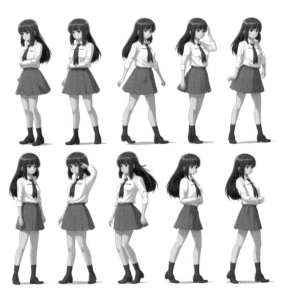

图 5.25

5.4.4 Many Poses,Different Angles（各种姿势，不同角度）

在输入框中输入 /imagine，按 Enter 键，在蓝色框中输入 chibi bunny-woman in a long black dress and a cape character sheet（奇比兔女郎，身着黑色长裙，披着斗篷的角色表），在描述语后添加 many poses, different angles 命令，就可以生成角色姿势表。按 Enter 键发送，如图 5.26 所示。

图 5.26

5.4.5 Character Sheet Turnaround（角色翻转表）

在输入框中输入 /imagine，按 Enter 键，在蓝色框中输入 android arms（机械臂），在描述语后添加 character sheet turnaround 命令，就可以生成角色翻转表。按 Enter 键发送，如图 5.27 所示。

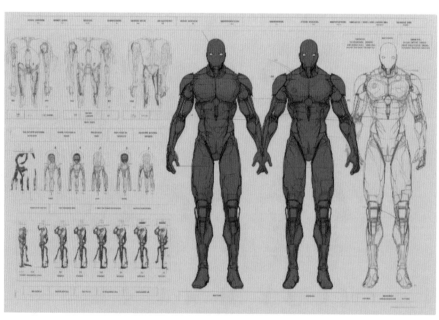

图 5.27

5.4.6　Prompt Model Sheet（提示词模特表）

在输入框中输入 /imagine，按 Enter 键，在蓝色框中输入 geek character（极客人物），在描述语后添加 prompt model sheet 命令，就可以生成模特表。按 Enter 键发送，如图 5.28所示。

图 5.28

5.4.7　Inventory Items（物品表）

在输入框中输入 /imagine，按 Enter 键，在蓝色框中输入 an MMORPG game：gloves,keys（多人在线角色扮演游戏：手套，钥匙），在描述语后添加 inventory items 命令，就可以生成物品表。按 Enter 键发送，如图 5.29 所示。

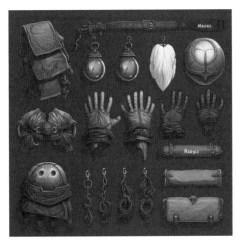

图 5.29

5.4.8　Multiple Item Spritesheet（多项目电子表格）

在输入框中输入 /imagine，按 Enter 键，在蓝色框中输入 rpg items, manuals, books（RPG 项目，手册，书籍），在描述语后添加 multiple item spritesheet 命令，就可以生成多项目电子表格。按 Enter 键发送，如图 5.30 所示。

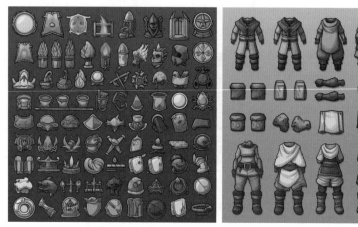

图 5.30

5.4.9　Sketch Showing Designs for Different Types（展示设计草图）

在输入框中输入 /imagine，按 Enter 键，在蓝色框中输入 A casual shirt with a dark and industrial feel, deliberate destruction., in the style of Balenciaga design sheet, pop-culture-infused, colorzied pencil sketch. man's wear（一件带有深色和工业感的休闲衬衫，Balenciaga 设计表的风格，流行文化，彩色铅笔素描。男装），在描述语后添加 sketch showing designs for different types 命令，就可以生成设计草图。按 Enter 键发送，如图 5.31 所示。

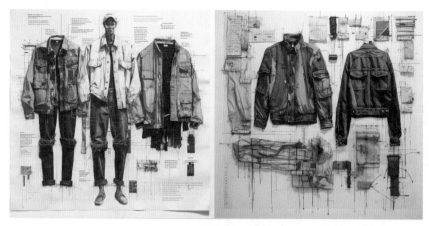

图 5.31

5.4.10　Page of A Sticker Book（贴纸页面）

在输入框中输入 /imagine，按 Enter 键，在蓝色框中输入 children about school（学校儿

童），在描述语后添加 page of a sticker book 命令，就可以生成贴纸页面。按 Enter 键发送，如图 5.32 所示。

图 5.32

5.4.11　Dress-up Sheet（装饰表）

在输入框中输入 /imagine，按 Enter 键，在蓝色框中输入 boy paper doll（男孩娃娃）。在描述语后添加 Dress-up sheet 命令，就可以生成装饰表。按 Enter 键发送，如图 5.33 所示。

图 5.33

5.5　Midjourney 在女装设计领域的应用

作为一名服装设计师，肯定会通过各种草图和灵感图片来设计服装。设计服装所涉及的元素非常多，如颜色、面料、款式、搭配、灵感来源等，以纽约著名设计师事务所每年发布的灵感草图为例，用 AI 对设计师的设计意向草图进行复原。首先拿到的草图有模特草图、灵感图片来源、面料、潘通色彩及设计师的文字表述；然后，将草图和色块导入 Midjourney 进行垫图，用文字描述生成服装展示图片；最后，对局部进行调整。

5.5.1　女士梭织风衣设计

本例将设计一款女士梭织风衣，这款风衣结合了皇家宫廷风格，将伊丽莎白式的量感注入新款的风衣之中，并采用了放大的轮廓造型。整体颜色以光滑丝绸剪裁的轻质面料展现出通风凉爽的夏日感觉。

（1）打开设计图，其中有设计草图和灵感图片，以及配色方案，如图 5.34 所示。

图 5.34

（2）在输入框中输入 /settings，按 Enter 键发送，设置出图参数。再将设计草图和色块分别进行截图，粘贴到 Midjourney 输入框中，按 Enter 键发送，如图 5.35 所示。

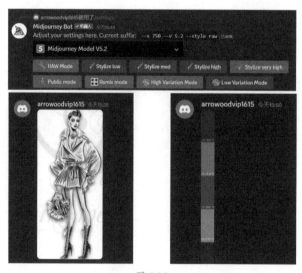

图 5.35

（3）单击导入的图片，单击下方的"复制图片地址"按钮，在输入框中输入 /imagine，按 Ctrl+V 组合键，将复制的图片地址粘贴到命令行中，如图 5.36 所示。

图 5.36

（4）用同样的方法将色块的图片地址粘贴到命令行中（注意，中间要用空格隔开），在翻译软件中将设计师的意向词汇翻译成英文，如图 5.37 所示。

图 5.37

（5）将翻译的英文复制到命令行中（注意，要将冒号改为逗号），并添加 Full body（全身）和 --ar 9∶16 比例参数，出图效果如图 5.38 所示（第一幅图比较符合我们的要求）。

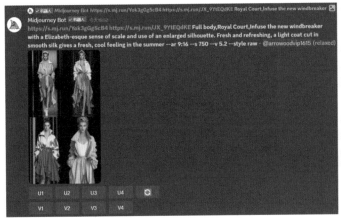

图 5.38

（6）单击 U1 按钮，将第一幅图放大。下面对局部进行修改，单击 ✓ Vary (Region) 按钮，在弹出的视图中框选人物的鞋子区域，在文字描述中加入 green Leather boots（绿色皮靴）关键词，如图 5.39 所示。当然，也可以给红裙子改色或添加不同的设计。

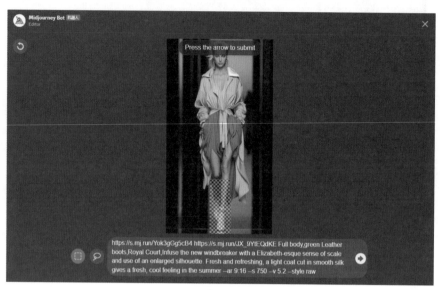

图 5.39

（7）单击 ➡ 按钮发送，出图效果如图 5.40 所示（鞋子部分已经改好），这是出图的一个标准思路，希望在后面的练习中专注于 AI 和服装设计的合理合性，没必要无端地追求新奇和夸张。

图 5.40

（8）在输入框中输入 /settings，按 Enter 键发送，设置模型为 Niji Model V5，用步骤（4）的提示词，后面加上 fashion design sketch（服装设计草图）提示词，重新生成，效果如图 5.41 所示。

图 5.41

5.5.2　女士蓬松泡泡裙设计

本例将设计一款女士蓬松泡泡裙，这款裙装具有高雅的风格，类似于玛丽皇后的精致服装，通过量感和轮廓造型来达到宫廷般的效果。裙子整体比较蓬松，使用了薄纱面料，创造出有机的泡泡形状。

（1）打开设计图，其中有设计草图和灵感图片，以及配色方案，如图 5.42 所示。

图 5.42

（2）将设计草图和色块分别进行截图，粘贴到 Midjourney 输入框中，按 Enter 键发送，如图 5.43 所示。

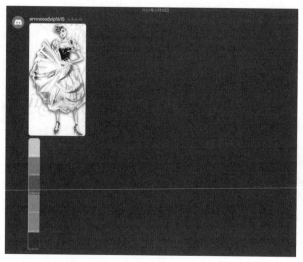

图 5.43

（3）单击导入的图片，单击下方的"复制图片地址"按钮，在输入框中输入 /imagine，按 Ctrl+V 组合键，将复制的图片地址粘贴到命令行中。用同样的方法将色块的图片地址也粘贴到命令行中（注意，中间要用空格隔开），在翻译软件中将设计师的意向词汇翻译成英文，如图 5.44 所示。

图 5.44

（4）将翻译的英文复制到命令行中（注意，要将冒号改为逗号），并添加 Full body（全身）和 --ar 12∶16 比例参数，出图效果如图 5.45 所示（第三幅图比较符合我们的要求）。

图 5.45

（5）在输入框中输入 /settings，按 Enter 键发送，设置模型为 Niji Model V5，用步骤（3）的提示词，后面加上 fashion design sketch, role sheet（服装设计草图，角色表）提示词，在描述语后添加 role sheet 命令，就可以生成包括正面、背面、部分细节配饰的动漫角色。按 Enter 键发送，如图 5.46 所示。

图 5.46

5.5.3　女士夏季运动套装设计

本节将设计一款女士夏季运动套装，以西岸风格为灵感，将运动衫演绎成 20 世纪 60 年代加利福尼亚的轻松度假风格。在图案方面，运用了粉色、紫色、黄色和绿色的抽象花卉与大号图案进行玩味设计。

（1）打开设计图，其中有设计草图和灵感图片，以及配色方案，如图 5.47 所示。

图 5.47

（2）将设计草图和色块分别进行截图，粘贴到 Midjourney 输入框中，按 Enter 键发送，如图 5.48 所示。

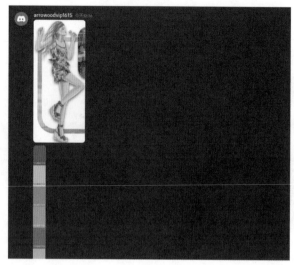

图 5.48

（3）单击导入的图片，单击下方的"复制图片地址"按钮，在输入框中输入 /imagine，按 Ctrl+V 组合键，将复制的图片地址粘贴到命令行中。用同样的方法将色块的图片地址也粘贴到命令行中（注意，中间要用空格隔开），在翻译软件中将设计师的意向词汇翻译成英文，如图 5.49 所示。

图 5.49

（4）将翻译的英文复制到命令行中（注意，要将冒号改为逗号），并添加 Full body（全身）和 --ar 9∶16 比例参数（如果比例太宽，系统有时会出半身图），出图效果如图 5.50 所示（第二幅图比较符合我们的要求）。

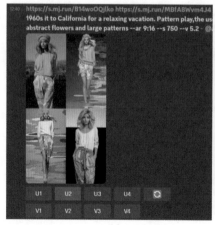

图 5.50

（5）单击 **U2** 按钮，将第一幅图放大。下面对局部进行修改，单击 **✔ Vary (Region)** 按钮，在弹出的视图中框选人物的眼睛区域，在文字描述中加入 Sunglasses（太阳镜）关键词，如图 5.51 所示。

图 5.51

（6）单击 ➡ 按钮发送，出图效果如图 5.52 所示（太阳镜部分已经改好）。

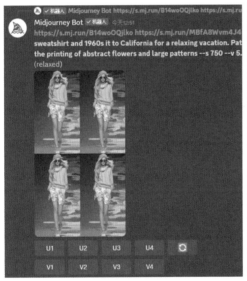

图 5.52

5.5.4　女士时尚披肩设计

本例将设计一款女士时尚披肩。在层次方面，采用大号几何图形剪裁的斗篷，营造出嬉皮、休闲而丰富的垂坠感。在面料方面，利用哑光自然色调打造杂色抓绒，呈现出独特的同色调效果。

（1）打开设计图，其中有设计草图和灵感图片，以及配色方案，如图 5.53 所示。

图 5.53

（2）将设计草图和色块分别进行截图，粘贴到 Midjourney 输入框中，按 Enter 键发送。

（3）单击导入的图片，单击下方的"复制图片地址"按钮，在输入框中输入 /imagine，按 Ctrl+V 组合键，将复制的图片地址粘贴到命令行中。用同样的方法将色块的图片地址也粘贴到命令行中（注意，中间要用空格隔开），在翻译软件中将设计师的意向词汇翻译成英文，如图 5.54 所示。

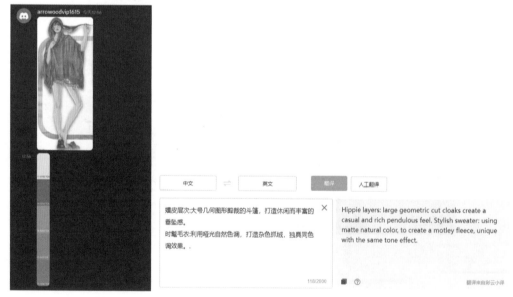

图 5.54

（4）将翻译的英文复制到命令行中（注意，要将冒号改为逗号），并添加 Full body（全身）和 --ar 9∶16 比例参数，出图效果如图 5.55 所示（第二幅图比较符合我们的要求）。

（5）需要将下半身改成短裤，单击 按钮，在弹出的文字描述框中加入 Hot Pants（热裤）关键词，单击 提交 按钮，如图 5.56 所示。

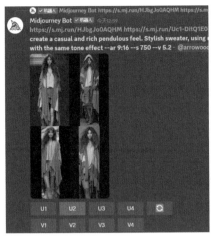

图 5.55

图 5.56

（6）生成的效果如图 5.57 所示，第二幅图比较符合我们的要求，单击相应的 U 按钮放大。

图 5.57

5.5.5　女士牛仔套装设计

本例将设计一款女士牛仔套装。为了创造戏剧性的效果，将结合结构立体的塑身内衣和垂坠的长裤，以夸张的方式展现女性身材的曲线美。在室内装潢方面，将利用激光印花和漂白效果来创造出盘绕的图样和巴洛克风格的花朵，为整个空间增添独特的艺术氛围。

（1）打开设计图，其中有设计草图和灵感图片，以及配色方案，如图 5.58 所示。

（2）将设计草图和色块分别进行截图，粘贴到 Midjourney 输入框中，按 Enter 键发送。

图 5.58

（3）单击导入的图片，单击下方的"复制图片地址"按钮，在输入框中输入 /imagine，按 Ctrl+V 组合键，将复制的图片地址粘贴到命令行中。用同样的方法将色块的图片地址也粘贴到命令行中（注意，中间要用空格隔开），在翻译软件中将设计师的意向词汇翻译成英文，如图 5.59 所示。

图 5.59

（4）将翻译的英文复制到命令行中（注意，要将冒号改为逗号），并添加 Full body（全身）和 --ar 9∶16 比例参数，出图效果如图 5.60 所示（第二幅图比较符合我们的要求）。

（5）单击 U 按钮，将第一幅图放大。下面对局部进行修改，单击 ✔ Vary (Region) 按钮，在弹出的视图中框选人物的肩膀区域，将文字描述改为 Off-shoulder design（露肩设计），如图 5.61 所示。

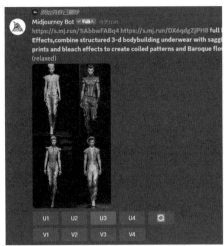

图 5.60

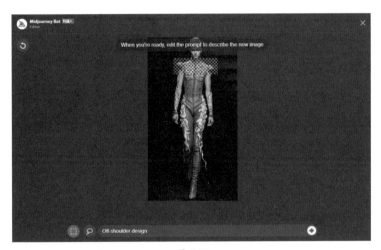

图 5.61

（6）单击 按钮发送，出图效果如图 5.62 所示（肩部已经改好）。

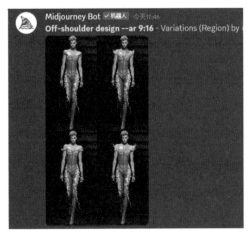

图 5.62

（7）单击 U 按钮，将第一幅图放大。下面对局部进行修改，单击 ✓ Vary (Region) 按钮，在弹出的视图中框选人物的服装区域，将文字描述改为 Denim fabric（牛仔面料），如图 5.63 所示。

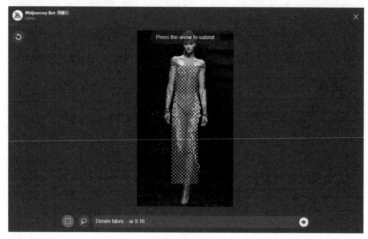

图 5.63

（8）单击 ➡ 按钮发送，出图效果如图 5.64 所示（面料已经改好）。

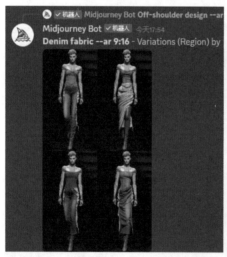

图 5.64

5.5.6 用垫图的方式换装

在服装设计领域，通常设计师会先完成成衣的设计，然后让模特穿上进行试装，并拍摄照片进行展示。这个过程可以通过 Midjourney 轻松实现。只需准备一张白底的服装图和一张模特姿态图，将这两张图作为垫图进行合成即可。本例将用 Midjourney 将一款黄色裙装合成在模特身上，并进行局部调整。

（1）将白底成衣图和模特图分别进行截图，粘贴到 Midjourney 输入框中，按 Enter 键发送。

（2）单击导入的白底成衣图片，单击下方的"复制图片地址"按钮，在输入框中输入 /imagine，按 Ctrl+V 组合键，将复制的图片地址粘贴到命令行中。用同样的方法将模特的图片地址也粘贴到命令行中（注意，中间要用空格隔开），在翻译软件中将设计师的意向词汇翻译成英文，如图 5.65 所示。

图 5.65

（3）将翻译的英文复制到命令行中（注意，要将冒号改为逗号），并添加 photography（照片）和 --ar 9∶16 比例参数，出图效果如图 5.66 所示（由于 AI 并不能将所有细节一一对应，所以，生成图中，中袖变成了短袖）。

（4）单击 按钮，修改提示词，增加 Middle sleeve（中袖）关键词，重新生成的效果如图 5.67 所示，第三幅图接近需要的效果。

图 5.66

图 5.67

（5）单击 U3 按钮，放大想要的图片，单击 Vary (Region) 按钮，在弹出的视图中框选人物的腰带区域，将文字描述改为 Black Belt（黑色腰带），如图 5.68 所示。

（6）单击 按钮发送，出图效果如图 5.69 所示（黑色腰带已经改好）。Midjourney 的图生图功能的原理如下：利用 Midjourney 生出来的白底衣服图和模特图进行垫图，组合生成图时关键词叠加或者再加场景描述词。

图 5.68

图 5.69

5.5.7　用混合方式换装

　　如果有一幅现成的服装模特照片需要换装，在 Midjourney 中只需提供新的白底服装图，再使用 Blend 命令即可实现一键换装。虽然这种方法可能无法百分之百准确，但可以大概率节省很多讨论服装设计方案的时间，对设计师来说也是一件好事。

　　（1）要使用 Blend 功能，只需输入 /blend 指令，就可以同时上传 2 ～ 5 幅图，默认是 2 幅。为了确保图片融合的效果，建议尽量上传与所需图像同比例的图像，如图 5.70 所示。

　　（2）上传两幅图到 image1 和 image2 的位置中，如图 5.71 所示（一幅是模特，另一幅是服装图）。

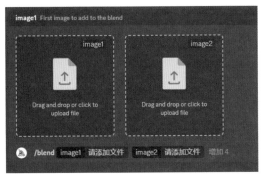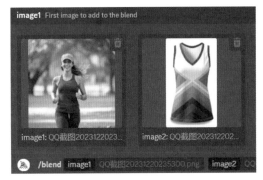

图 5.70　　　　　　　　　　　　　　　　　　　　　图 5.71

（3）混合前单击"增加"按钮后，还会弹出设置图像比例的 dimensions 指令。单击 dimensions 指令，会弹出 3 个比例的选项，如图 5.72 所示。

（4）Portrait 代表 2∶3 比例；Square 代表 1∶1 比例；Landscape 代表 3∶2 比例；如果想生成其他比例的图像，需要使用图像链接垫图的方式，如图 5.73 所示。

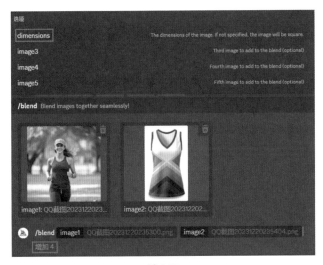

图 5.72　　　　　　　　　　　　　　　　　　　　　图 5.73

（5）按 Enter 键，就可以将这两张图混合在一起，效果如图 5.74 所示。尽管生成图和原来的服装设计图有些出入，但是总体效果是接近的。

图 5.74

5.6 Midjourney 在男装设计领域的应用

下面使用 AI 生成男装设计图。垫图是一种快速生成设计图的方法，我们将尝试不同的合成模式。作为服装设计师，草图和灵感图片的提供及准确的关键词描述非常重要。

5.6.1 用 Photoshop 做简单合成的方式换装

本例将用 Photoshop 将一款棕色夹克简单叠加在模特照片身上，并通过描述词生成男士夹克上身的图形，并进行局部调整，如图 5.75 所示。

图 5.75

（1）在 Photoshop 中打开成衣图（简单着色）和模特图，将它们叠加在一起，让夹克衫盖住模特的上身，如图 5.76 所示。

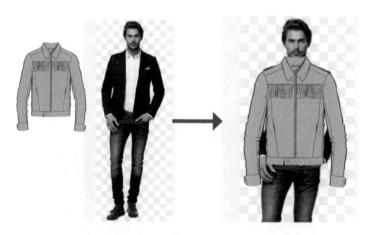

图 5.76

（2）将模特截图后粘贴到 Midjourney 输入框中，按 Enter 键发送，单击导入的图片，单击下方的"复制图片地址"按钮，在输入框中输入 /imagine，按 Ctrl+V 组合键，将复制的图片地址粘贴到命令行中。在翻译软件中将设计师的意向词汇翻译成英文，如图 5.77 所示。

图 5.77

（3）将翻译的英文复制到命令行中，并添加 photography（照片）和 --ar 9∶16 比例参数，出图效果如图 5.78 所示。由于 AI 并不能将所有细节一一对应，所以，有些局部不尽如人意（如没有帽子，裤子侧面流苏设计太多等）。单击相应的 U 按钮，放大想要的图片。

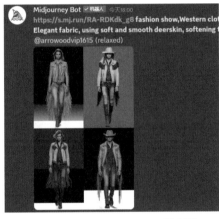

图 5.78

（4）单击 Vary (Region) 按钮，在弹出的视图中框选人物的头部和裤子两侧区域，修改提示词为 cowboy hat（牛仔帽子），后缀词加 --no Fringe（没有流苏装饰），如图 5.79 所示。

图 5.79

（5）单击 ➡ 按钮发送，出图效果如图 5.80 所示（流苏和头上帽子已经被修改）。单击相应的 U 按钮，放大想要的图片（帽子有点不满意，腿部中间有流苏装饰没有改掉）。

图 5.80

（6）如果需要更多的帽子款式，可以继续单击 Vary (Region) 按钮，在弹出的视图中框选人物的头部和腿部中间的流苏装饰，修改提示词为 cowboy hat（牛仔帽子），如图 5.81 所示。

（7）单击 ➡ 按钮发送，出图效果如图 5.82 所示（腿部中间的流苏装饰和头上帽子已经被修改）。

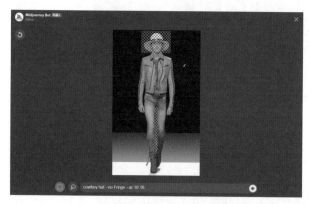

图 5.81   图 5.82

5.6.2 男士无袖风衣设计

本例将设计一款男士无袖风衣。这款风衣将展现出酷感的风格，通过采用无袖的廓形和抽绳腰线来更新传统的标志性风衣。此外，还将运用奢华的附加元素，如抛光牛角扣，为功能性华达呢面料注入活力。

（1）打开设计图，其中有设计草图和灵感图片，以及配色方案，如图 5.83 所示。

（2）在 Photoshop 中打开成衣图（简单着色）和模特图，将它们叠加在一起，让风衣盖住模特的上身，如图 5.84 所示。

Heritage传承　酷感风衣：运用无袖廓形与抽绳腰线更新标志性风衣
奢华附加：利用抛光牛角扣，赋功能性华达呢以活力

图 5.83

图 5.84

（3）将模特截图后粘贴到 Midjourney 的输入框中，按 Enter 键发送，单击导入的图片，单击下方的"复制图片地址"按钮，在输入框中输入 /imagine，按 Ctrl+V 组合键，将复制的图片地址粘贴到命令行中。在翻译软件中将设计师的意向词汇翻译成英文，如图 5.85 所示。

图 5.85

（4）将翻译的英文复制到命令行中：Sleeveless cool feeling trench coat, the use of sleeveless profile and drawstring waist line update the iconic trench coat. Luxury add-on, use polished horn buckle, endow functional gabardine with vitality（无袖凉爽感风衣，采用无袖型材和束腰线更新的标志性风衣。豪华附件，使用抛光喇叭扣，赋予功能性华达呢活力），并添加 Full body（全身）或 Fashion Show（时装秀），末尾添加 --ar 8∶10 比例参数，出图效果如图 5.86 所示（第三幅图比较符合我们的要求）。

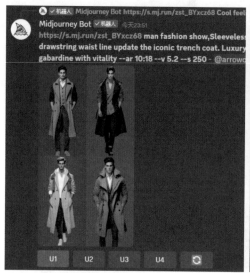

图 5.86

（5）下面给同一角色赋予不同的动作，我们需要明确角色的动作。这是描述命令的基础，也是最重要的一步。需要根据角色的性格、情绪、环境等因素来确定角色的动作。在输入框中输入 /settings，按 Enter 键。设置风格为 Niji Model V5 卡通风格，其他设置如图 5.87 所示。

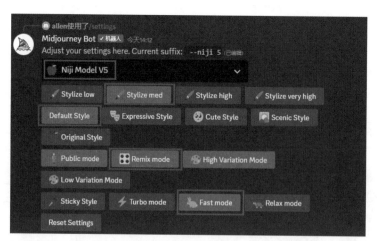

图 5.87

（6）可以在描述词中使用 Generate a fashion design sketch image with a male as the intended recipient（生成一个男性形象的时尚设计草图）命令，获得连续的人物动作，如图 5.88 所示。

图 5.88

（7）单击相应的 U 按钮，放大想要的图片。单击 ✔ Vary (Region) 按钮，在弹出的视图中框选人物的袖子，修改提示词为 arms, no sleeves（胳膊，没有袖子），如图 5.89 所示。

图 5.89

（8）单击 ➡ 按钮发送，出图效果如图 5.90 所示。

图 5.90

（9）如果需要更多姿态的图，可以用 U 键放大不同的图片，将胳膊选中，进行变化，如图 5.91 所示，用了 Tattooed arms, no sleeves（花臂，无袖）关键词。

图 5.91

5.6.3　男士高领皮衣设计

本例将设计一款男士高领皮衣。这款皮衣将采用烟囱领设计，加长的罗纹领具有深色隐藏效果，为整体造型增添一丝神秘感。同时，选择轻盈卷皱皮革打造夏季款式，让这款硬朗的外套在保持时尚的同时，也适合夏季穿着。

（1）打开设计图，其中有设计草图和灵感图片，以及配色方案，如图 5.92 所示。

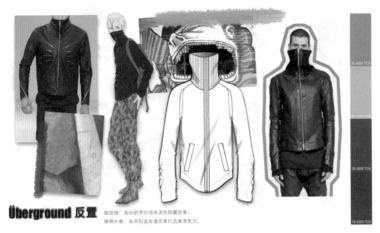

图 5.92

（2）在 Photoshop 中打开成衣图（简单着色）和模特图，将它们叠加在一起，让皮衣盖住模特的上身，并简单修饰图片，如图 5.93 所示。

图 5.93

（3）将模特截图后粘贴到 Midjourney 输入框中，按 Enter 键发送，单击导入的图片，然后单击下方的"复制图片地址"按钮，在输入框中输入 /imagine，按 Ctrl+V 组合键，将复制的图片地址粘贴到命令行中。在翻译软件中将设计师的意向词汇翻译成英文，如图 5.94 所示。

图 5.94

图 5.95

（4）将翻译的英文复制到命令行中：the chimney collar, lengthened with ribbed collar, has a dark hiding effect. Hard coat, summer style in light, wrinkled leather（烟囱领，加长的罗纹领有深色隐藏效果。硬朗外套，采用轻盈卷皱皮革打造夏季款式），并添加 Man Fashion Show（男士时装秀），末尾添加 --ar 10∶16 比例参数，出图效果如图 5.95 所示（第一幅图比较符合我们的要求）。

（5）重新修改提示词为 elongated woven thread turtleneck with one garment, zipper closure（加长的织布螺纹高领与衣服一体，衣服拉链闭合），重新生成图形，如图 5.96 所示。

图 5.96

（6）单击相应的 U 按钮，放大想要的图片。单击 Vary (Region) 按钮，在弹出的视图中框选人物的衣服（要改成皮革的区域），修改提示词为 dark gray wrinkled leather lining, zipper（深灰色轻盈卷皱皮革面料，拉链），如图 5.97 所示。

（7）单击 ➡ 按钮发送，选出两幅比较理想的出图效果，如图 5.98 所示。

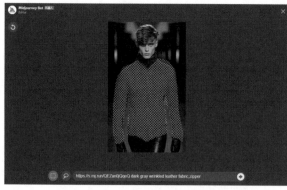

图 5.97　　　　　　　　　　　　　　　　　图 5.98

（8）单击相应的 U 按钮，放大想要的图片。单击 Vary (Region) 按钮，在弹出的视图中框选人物的口袋部分（我们要添加斜插口袋），修改提示词为 The model had her hand in her coat pocket（模特的手插在夹克口袋里），如图 5.99 所示。

（9）单击 ➡ 按钮发送，最终出图效果如图 5.100 所示。

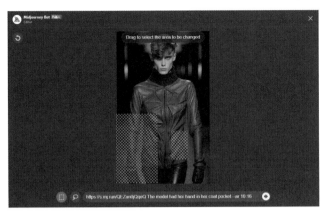

图 5.99　　　　　　　　　　　　　　　　　　　　图 5.100

5.6.4　男士 T 恤设计

本例将设计一款男士 T 恤。这款 T 恤将采用西部风格，并加入流苏饰边作为对亨利 T 恤衫的创意改良。为了增加触感效果，选择使用杂色平针和竹节纤维来打造柔软纹理，如图 5.101 所示。

图 5.101

（1）将模特图和色块图分别进行截图，粘贴到 Midjourney 的输入框中，按 Enter 键发送。

（2）单击导入的图片，然后单击下方的"复制图片地址"按钮，在输入框中输入 /imagine，按 Ctrl+V 组合键，将复制的图片地址粘贴到命令行中。用同样的方法将色块的图片地址也粘贴到命令行中（注意，中间要用空格隔开），在翻译软件中将设计师的意向词汇翻译成英文，如图 5.102 所示。

（3）将翻译的英文复制到命令行中（注意，要将冒号改为逗号），并添加 --ar 9∶16 比例参数，出图效果如图 5.103 所示（裤腿右侧的流苏设计有些多余，T 恤胸前流苏没有体现出来），接下来要一步一步解决。

（4）单击 U4 按钮，放大想要的图片。单击 ✔ Vary (Region) 按钮，在弹出的视图中框选人物裤腿的流苏设计部分，单击 ➡ 按钮发送，出图效果如图 5.104 所示。

149

图 5.102

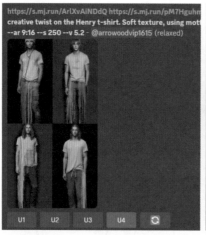

图 5.103

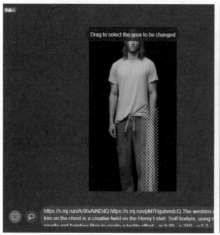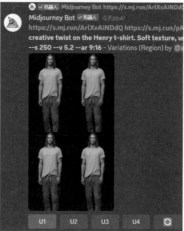

图 5.104

（5）继续单击 U 按钮，放大想要的图片。单击 Vary (Region) 按钮，在弹出的视图中框选人物胸部的流苏设计部分，修改提示词为 Tassel design on chest（胸前流苏设计），单击 按钮发送，出图效果如图 5.105 所示。

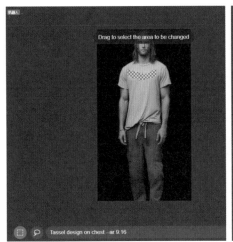

图 5.105

（6）继续单击 U 按钮，放大想要的图片，胸前流苏设计出图效果如图 5.106 所示。

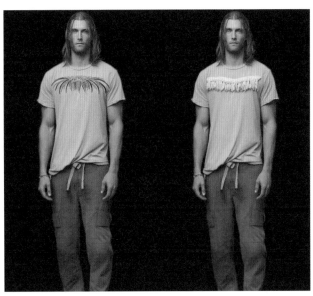

图 5.106

5.7　Midjourney 在童装设计领域的应用

下面设计童装。首先，拿到了模特草图、灵感图片来源、面料、潘通色彩及设计师的文字表述等草图。接下来，将这些草图和色块导入 Midjourney 进行垫图，并使用文字描述生成服装展示图片。最后，对局部进行调整，以确保设计的完美呈现。

5.7.1　儿童小丑套装设计

本例将设计小丑套装，通过将背心的背部设计得比前面稍长一些，重新唤起中世纪的美学。为了增加醒目的装饰效果，使用超大体积的挂钩和孔眼作为服装的闭口，如图 5.107 所示。

图 5.107

（1）将模特图和色块图分别进行截图，粘贴到 Midjourney 输入框中，按 Enter 键发送。

（2）单击导入的图片，然后单击下方的"复制图片地址"按钮，在输入框中输入 /imagine，按 Ctrl+V 组合键，将复制的图片地址粘贴到命令行中。用同样的方法将色块的图片地址也粘贴到命令行中（注意，中间要用空格隔开），在翻译软件中将设计师的意向词汇翻译成英文，如图 5.108 所示。

图 5.108

（3）将翻译的英文复制到命令行中（注意，要将冒号改为逗号），并添加 --ar 9∶16 比例参数，出图效果如图 5.109 所示（第一幅图比较符合我们的预期效果）。

图 5.109

（4）单击 U 按钮，放大想要的图片。单击 ✓ Vary (Region) 按钮，框选黑色部分，单击 ▶ 按钮发送，出图效果如图 5.110 所示（黑色区域被重新渲染成场景图）。

图 5.110

（5）继续单击 U 按钮，放大想要的图片。单击 ✓ Vary (Region) 按钮，框选头发部分，修改描述词为 Clown hat（小丑帽子），单击 ▶ 按钮发送，出图效果如图 5.111 所示。

图 5.111

5.7.2 儿童连衣裙设计

本例将设计一款儿童连衣裙。我们选择了织锦缎组，将高雅的古代面料重新运用到童装设计中。从皇家庭院和中世纪艺术中汲取灵感，运用丰富的织锦缎、挂毯和室内装饰面料来打造装饰性的印花效果。为了营造一个玩味的效果，选用了明亮的红色和清新的黄色，如图 5.112 所示。

图 5.112

（1）将模特图和色块图分别进行截图，粘贴到 Midjourney 输入框中，按 Enter 键发送。

（2）单击导入的图片，然后单击下方的"复制图片地址"按钮，在输入框中输入 /imagine，按 Ctrl+V 组合键，将复制的图片地址粘贴到命令行中。用同样的方法将色块的图片地址也粘贴到命令行中（注意，中间要用空格隔开），在翻译软件中将设计师的意向词汇翻译成英文，如图 5.113 所示。

图 5.113

（3）将翻译的英文复制到命令行中（注意，要将冒号改为逗号），并添加 Children's suits（童装）和 --ar 9 ：16 比例参数，出图效果如图 5.114 所示（第一幅图比较符合我们的预期效果）。

图 5.114

（4）单击 U 按钮，放大想要的图片。单击⬅按钮，将构图向左移动，如图 5.115 所示（左边出现了人物，需要将其他人去掉）。

图 5.115

（5）继续单击 U 按钮，放大想要的图片。单击 ✓ Vary (Region) 按钮，框选周围的人，修改描述词为 nobody（没有人），单击➡按钮发送，出图效果如图 5.116 所示。

图 5.116

5.7.3　少女吊带裤设计

本例将设计一款少女吊带裤。我们选择了织锦缎组，将高雅的古代面料重新运用到童装设计中。从皇家庭院和中世纪艺术中汲取灵感，运用丰富的织锦缎、挂毯和室内装饰面料来打造装饰性的印花效果。为了营造一个玩味的效果，选用了明亮的红色和清新的黄色，如图 5.117所示。

图 5.117

（1）将模特图和色块图分别进行截图，粘贴到 Midjourney 输入框中，按 Enter 键发送。

（2）单击导入的图片，然后单击下方的"复制图片地址"按钮，在输入框中输入 /imagine，按 Ctrl+V 组合键，将复制的图片地址粘贴到命令行中。用同样的方法将色块的图片地址也粘贴到命令行中（注意，中间要用空格隔开），在翻译软件中将设计师的意向词汇翻译成英文，如图 5.118 所示。

图 5.118

（3）将翻译的英文复制到命令行中（注意，要将冒号改为逗号），并添加 dark blue（深蓝）和 --ar 12：16 比例参数，出图效果如图 5.119 所示（第二幅图比较符合我们的预期效果）。

图 5.119

（4）单击 U 按钮，放大想要的图片。单击 ✓ Vary (Region) 按钮，框选人物上衣区域，修改描述词为 long suspenders with fine pleats for blouses（长吊带，精细的褶裥用于上衣），如图 5.120 所示。

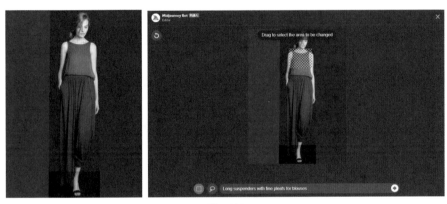

图 5.120

（5）继续单击 U 按钮，放大想要的图片。单击 ✓ Vary (Region) 按钮，框选周围的人，修改描述词为 nobody（没有人），单击➡按钮发送，出图效果如图 5.121 所示。

图 5.121

5.7.4 儿童哈伦裤设计

本例将设计一款儿童哈伦裤。这款新哈伦裤采用了可以卷起的大罗纹镶边来改良慢跑裤的设计。为了增加个性和都市感，选择了显眼的印花图案，并采用不规则布局来呈现，如图5.122所示。

图 5.122

（1）将模特图和色块图分别进行截图，粘贴到 Midjourney 输入框中，按 Enter 键发送。

（2）单击导入的图片，然后单击下方的"复制图片地址"按钮，在输入框中输入 /imagine，按 Ctrl+V 组合键，将复制的图片地址粘贴到命令行中。用同样的方法将色块的图片地址也粘贴到命令行中（注意，中间要用空格隔开），在翻译软件中将设计师的意向词汇翻译成英文，如图 5.123 所示。

图 5.123

（3）将翻译的英文复制到命令行中（注意，要将冒号改为逗号），并添加 Children's suits（童装）和 --iw 2 参数，出图效果如图 5.124 所示（第二幅图比较符合我们的预期效果）。

图 5.124

（4）单击 U 按钮，放大想要的图片。单击 ✓ Vary (Region) 按钮，框选人物上衣区域，修改描述词为 Red（红色），如图 5.125 所示。

图 5.125

（5）单击 ➡ 按钮发送，出图效果如图 5.126 所示。

图 5.126

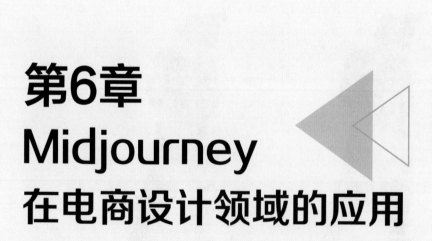

第6章
Midjourney
在电商设计领域的应用

6.1　AI 电商设计应用概述

在产品设计领域，AI 技术的应用也日益广泛，为产品设计师提供了更多的工具和方法，可以帮助他们提升设计能力和效率。

6.1.1　提高创意设计生成效率

AI 技术可以帮助产品设计师进行创意生成。传统的产品设计过程通常需要设计师花费大量的时间和精力进行头脑风暴和创意构思。AI 技术可以通过自然语言处理、机器学习等算法，自动分析和理解用户需求和市场趋势，生成符合用户期望的创意方案。例如，一些 AI 工具可以根据用户的输入和反馈，自动生成多个设计方案供设计师选择和优化。这种创意生成的方式不仅能够节省设计师的时间和精力，还能够提供更多的创意选择，提高设计的质量和效果，如图 6.1 所示。

图 6.1

6.1.2　帮助产品设计师快速进行原型制作

AI 技术可以帮助产品设计师进行快速原型制作。在传统的产品设计过程中，设计师通常需要通过手绘或使用设计软件进行原型制作，这个过程非常耗时和烦琐。AI 技术可以通过图像识别、三维建模等算法，自动将设计师的草图转化为可交互的原型。这种快速原型制作的方式可以帮助设计师快速验证和调整设计方案，提高设计的效率和准确性。此外，AI 还可以通过虚拟现实（Virtual Reality，VR）和增强现实（Augmented Reality，AR）技术，帮助设计师进行沉浸式的原型体验和测试，进一步提升设计的质量和用户体验，如图 6.2 所示。

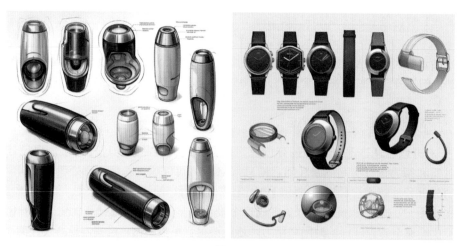

图 6.2

6.1.3 快速进行重复工作

AI 技术可以帮助产品设计师进行自动化设计。在传统的产品设计过程中，设计师通常需要进行大量的重复性工作，如排版、颜色搭配等。AI 技术可以通过自动化算法，将这些重复性工作自动化完成，提高设计的效率和准确性。例如，一些 AI 工具可以根据设计师的设定和规则，自动进行排版和配色，减少设计师的工作量和错误率。此外，AI 还可以通过机器学习算法，不断学习和优化设计过程，提供更加智能和个性化的设计建议，如图 6.3 所示。

图 6.3

6.2 电商产品背景设计

背景不仅仅是产品的衬托，它还能增强产品的特点，引导观众的视线，甚至成为传达品牌信息的媒介。在 Midjourney 中，可以尝试各种背景来营造不同的氛围和情感。例如，使用明亮的色彩和简洁的设计可以突出产品的现代感和时尚性；而选择柔和的色调和自然的元素则能营造出温馨和舒适的氛围。此外，还可以利用纹理、图案或图像等元素来增加视觉层次和吸引力。通过巧妙地运用背景，可以使产品更加生动有趣，吸引观众的目光并传达出品牌的独特魅力。接下来，将学习几种创造产品背景的方法。

6.2.1　产品展示平台表现

提示词：product podium with a wooden-textured platform, minimalist（产品平台，木质纹理平台，简约风格），生成的效果如图 6.4 所示。

图 6.4

提示词：warm green backdrop with an product podium（温绿色背景与产品讲台），生成的效果如图 6.5 所示。

图 6.5

6.2.2　背景虚化表现

提示词：solitary thin stone product podium, set against the soft blur of a streets of Paris in the background（薄石产品平台，背景模糊的巴黎街道），生成的效果如图 6.6 所示。

图 6.6

提示词：use an open woman's hand as a product podium, set against the soft blur of a luxury restaurant（用女人的手作为产品平台，背景模糊的豪华餐厅），生成的效果如图 6.7 所示。

图 6.7

6.2.3 过渡色背景表现

提示词：an illuminated round podium against a soft yellow gradient（在柔和的黄色过渡色衬托下的发光圆形展示台），生成的效果如图 6.8 所示。

图 6.8

　　提示词：sleek metallic podium with a neon halo, set against a gradient of deep purple to pink, sunset street of background（光滑的金属台与霓虹光晕，设置深紫色到粉红色的过渡，日落街道的背景），生成的效果如图 6.9 所示。

图 6.9

6.2.4　大场景背景表现

　　提示词：in the evening, use ground as a product podium, mountains in the distance, clouds in the sky, ellegant, smooth. realistic（晚上，用地面作为产品的展台，远处的山，天空中的云，优雅，平滑，逼真），生成的效果如图 6.10 所示。

图 6.10

提示词：in the evening, use stone as a product podium, the stars in the universe（夜晚，石头作为产品平台，宇宙星空背景），生成的效果如图 6.11 所示。

图 6.11

6.2.5 背景炫光表现

提示词：a glittering diamond ring is set on a white silk glove, which radiates charming light, depth of field control method, background with lens flare（白色真丝，闪闪发光的钻石戒指，散发出迷人的光芒，景深控制手法，背景炫光），生成的效果如图 6.12 所示。

图 6.12

提示词：whiskey, mystical, cinematic lighting, HDR, nouveau realisme style, background with lens flare（威士忌，神秘，电影照明，HDR，新现实主义风格，背景炫光），生成的效果如图 6.13 所示。

图 6.13

6.3　电商产品风格表现

在产品效果图的表现中，存在众多不同的风格和技巧，如产品拍摄的布局排列方式、灯光氛围设计及应用场景设计等。优秀的产品效果图能够使产品栩栩如生，令人难以忘怀。在 Midjourney 中，还有许多提示词技巧等待我们去发掘和利用。接下来，将学习几种不同产品风格的表现方法。

6.3.1 Flat Lay（平铺）

平铺是指以自上而下的角度展示产品，通常将产品整齐地排列在平面上。平铺通过美观的排列方式展示多个物品，强调产品之间的关系或展示一个系列。

提示词：black and orange merch for sport (eg. towel, bottle for water...atc.), flat lay photo（运动用的黑色和橙色商品，如毛巾、水瓶等，平铺照片），生成的效果如图 6.14 所示。

图 6.14

6.3.2 Standing（悬浮）

悬浮可以在产品周围营造出一种失重感、运动感或魔幻感。

提示词：pair of shoes that are made of cotton candy | 3D render | standing on a cloud | nike logo| clean composition | a beautiful artwork illustration | art by midjourney（一双棉花糖做的鞋子 | 3D 渲染 | 站在云端 | 耐克标志 | 干净的构图 | 一幅美丽的插图 | 艺术作品），生成的效果如图 6.15 所示。

图 6.15

6.3.3 Smokey（烟雾）

烟雾可以增加戏剧性、神秘感或象征产品的某些属性，如热度、新鲜度或强度。

提示词：absinth still life smokey（苦艾酒静物烟熏），生成的效果如图 6.16 所示。

图 6.16

6.3.4　Reflection（倒影）

倒影用来强调产品周围的环境，增加深度，让画面生动有趣。

提示词：retro cars of the last century, reflection photography, lridescent（20 世纪的老爷车，反射摄影，五光十色），生成的效果如图 6.17 所示。

图 6.17

6.3.5　Splashing（泼溅）

泼溅可以用来强调产品的新鲜、纯净或防水特性。

提示词：energy drink brand with lemons, limes and cayenne pepper as the ingredients, splashing（以柠檬、酸橙为原料的能量饮料品牌，泼溅），生成的效果如图 6.18 所示。

图 6.18

6.3.6　Into Water（水下）

这种表现方式可以展示产品的防水功能，或营造产品的宁静、神秘或沉浸感。

提示词：top view of commercial product photo of a sea blue perfume, into the wate（俯视蓝色香水，水下），生成的效果如图 6.19 所示。

图 6.19

6.3.7　Slow Shutter（慢速快门）

慢速快门可以展现产品的动态特性，通过使用动态模糊效果来创造视觉吸引力或突出产品的运动性能。

提示词：a red sports car was speeding along the highway, slow shutter speed photographyv（一辆红色跑车在高速公路上飞驰，慢速快门摄影），生成的效果如图 6.20 所示。

图 6.20

6.3.8　High/Low Key Product Photography（高 / 低调产品摄影）

高调可以传达一种欢快、简洁、大气的氛围；而低调可以表现情绪化、戏剧化的氛围。

提示词：high key product photography（左图，高调产品摄影），low key product photography（右图，低调产品摄影），生成的效果如图 6.21 所示。

图 6.21

6.4　产品的光照效果描述

画面的光照氛围描述是指对产品摄影中光线的运用和表现，以及由此产生的视觉效果和情感氛围的描述。这种描述可以帮助 Midjourney 更好地理解和生成产品摄影作品。下面介绍几种典型的描述提示词。

6.4.1　Dark Moody Lighting（暗色调的照明）

提示词：lithium battery, dark moody lighting（锂电池，暗色调的照明），生成的效果如图

6.22 所示。

提示词：a creepy small old warehouse, dark moody lighting（一个令人毛骨悚然的小旧仓库，暗色调的照明），生成的效果如图 6.23 所示。

图 6.22　　　　　　　　　　　　　　　　　　　图 6.23

提示词：harley davidson along a lone highway, overcast and rainy, shades of grey and blue, dark moody lighting（哈雷戴维森摩托车，沿着一条孤独的高速公路，阴天和雨天，灰色和蓝色的阴影，暗色调的照明），生成的效果如图 6.24 所示。

图 6.24

提示词：matte black perfume bottle comes to life under the spellbinding interplay of light and shadows, dark moody lighting（哑光黑色香水瓶，光与影之间，引人入胜，暗色调的照明），生成的效果如图 6.25 所示。

提示词：closeup of a wet bottle of perfume with glowing aura around it, dark moody lighting（特写镜头，一个湿漉漉的香水瓶，周围散发着光环，暗色调的照明），生成的效果如图6.26 所示。

图 6.25　　　　　　　　　　　　　　　　图 6.26

6.4.2　Cinematic Lighting Effects（电影灯光效果）

提示词：photo of a 1920's smartphone, cinematic lighting effects（20 世纪 20 年代智能手机的照片，电影灯光效果），生成的效果如图 6.27 所示。

提示词：strong retro style, full of strong nostalgic atmosphere, depth of field control method, cinematic lighting effects（强烈的怀旧风格，充满浓厚的怀旧气息，深度的现场控制方法，电影灯光效果），生成的效果如图 6.28 所示。

图 6.27　　　　　　　　　　　　　　　　图 6.28

提示词：internet celebrities shoot videos confidently under the shining lights, surrounding blur, blind box toys, cinematic lighting（互联网名人自信地在闪亮的灯光下拍摄，周围模糊，盲盒玩具，电影灯光），生成的效果如图 6.29 所示。

提示词：three plates with a variety of delicious snacks, cinematic lighting（三盘各色美味小吃，电影灯光），生成的效果如图 6.30 所示。

图 6.29   图 6.30

6.4.3 Bright Aesthetic Lighting（明亮的美学照明）

提示词：colorful cakes filled the whole table, bright aesthetic lighting（五颜六色的蛋糕摆满了整个桌面，明亮的美学照明），生成的效果如图 6.31 所示。

提示词：models walk on the runway in the summer fashion show, holography, bright aesthetic lighting（模特走在夏季时装秀的 T 台上，全息风格，明亮的美学照明），生成的效果如图 6.32 所示。

图 6.31   图 6.32

提示词：white space, blue dancer, blue smoke, spirals, bright aesthetic lighting（白色空间，蓝色舞者，蓝色烟雾，螺旋，明亮的美学照明），生成的效果如图 6.33 所示。

提示词：website ui, lamp ui website, tresndy, stuning design, full landing page, lamp light colors white, bright aesthetic lighting（网站用户界面，灯用户界面网站，时髦，惊人的设计，完整的登录页面，灯光颜色白色，明亮的美学照明），生成的效果如图 6.34 所示。

图 6.33

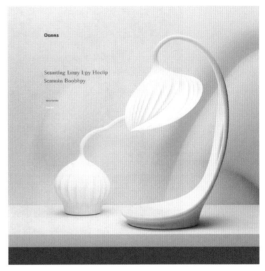

图 6.34

6.4.4　Rembrandt Lighting（林布兰式照明）

提示词：retro style crafts, exquisite carvings and ancient ornamentation, rembrandt lighting（复古风格的工艺品，精美的雕刻和古代装饰，林布兰式照明），生成的效果如图 6.35 所示。

提示词：a sculpture of a famous landmark, rembrandt lighting, blind box toys, 64K, high detail（一个著名地标的雕塑，林布兰式照明，盲盒玩具，64K，高细节），生成的效果如图 6.36 所示。

图 6.35

图 6.36

6.4.5　Backlight（逆光）

提示词：a liquid capable of drinking happiness, backlight（一种好喝的饮料，逆光），生成的效果如图 6.37 所示。

图 6.37

　　提示词：a bottle cap is lying on a wooden table, reflecting the sunlight and showing the logo of a popular beverage brand, backlight（一个瓶盖放在一个木桌上，反射阳光，一个流行饮料品牌的标志，逆光），生成的效果如图 6.38 所示。

图 6.38

6.5　产品的氛围描述

　　下面通过展示多种 Midjourney 描述风格的实际操作演示，让读者了解 Midjourney 对想象力的拓展效果，同时，还将学会如何让自己的 AI 作品充满想象力。

6.5.1　Hologram（全息图效果）

提示词：assistant selling cars as a hologram（全息图，销售汽车的助理），生成的效果如图 6.39 所示。

提示词：a hologram of the product（一个产品的全息图），生成的效果如图 6.40 所示。

图 6.39　　　　　　　　　　　　　　　　图 6.40

6.5.2　X-Ray（X 光透视效果）

提示词：X-Ray medivine, accuracy, diagnoses, personalization（X 光医学，准确性，诊断，个性化），生成的效果如图 6.41 所示。

提示词：medical laboratory, learning, training, X-Ray（医学实验室，学习，培训，X 光透视），生成的效果如图 6.42 所示。

图 6.41　　　　　　　　　　　　　　　　图 6.42

6.5.3　Bioluminescent（生物发光效果）

提示词：dramatic macro photography with greenish turquoise bioluminescent algae black background with silver accents（富有戏剧性的微距摄影，绿色、蓝绿色、发光的藻类，黑色底色，银色底色），生成的效果如图 6.43 所示。

　　提示词：bioluminescence, national geographic, breathtaking photo（生物发光，国家地理，惊人的照片），生成的效果如图 6.44 所示。

图 6.43

图 6.44

6.5.4　Cyberpunk（赛博朋克效果）

　　提示词：cyberpunk private eye（赛博朋克私家侦探），生成的效果如图 6.45 所示。

　　提示词：pink neon lights, cyberpunk city（粉色霓虹灯，赛博朋克城市），生成的效果如图 6.46 所示。

图 6.45

图 6.46

6.5.5　Metaverse（元宇宙效果）

提示词：the image should capture the essence of the metaverse's futuristic vibe. utilize vibrant digital colors and seamlessly integrate the meta market logo（图像捕捉元宇宙的未来感，利用充满活力的数字色彩，无缝集成标志），生成的效果如图 6.47 所示。

提示词：create an informative and visually organized representation of metaverse definitions and terminology（创建元宇宙，信息丰富的可视化组织），生成的效果如图 6.48 所示。

图 6.47　　　　　　　　　　　　　　　　图 6.48

6.5.6　Neon（霓虹效果）

提示词：design a poster in neon style for a sale（设计一张霓虹灯风格的海报），生成的效果如图 6.49 所示。

提示词：dance dance revolution by anne brochelier, neon green, neon magenta, neon aqua（安妮的舞蹈宣传册，霓虹绿色，霓虹品红，霓虹液体），生成的效果如图 6.50 所示。

图 6.49　　　　　　　　　　　　　　　　图 6.50

6.5.7　Steam（蒸汽效果）

提示词：ultra realistic photo of steam, with insanely extreme texture details, every object is extremely detailed, perfectly shaped（超现实主义的照片，蒸汽与纹理细节，每个对象都非常完美），生成的效果如图 6.51 所示。

提示词：steamer in the steamed bun shop, with steaming white steamed buns inside（馒头店里有蒸笼，里面有白馒头），生成的效果如图 6.52 所示。

图 6.51　　　　　　　　　　　　　　　　　　图 6.52

6.5.8　Gundam Mecha（机甲效果）

提示词：a car, gundam mecha（一辆汽车，机甲效果），生成的效果如图 6.53 所示。

提示词：a close-up image of a gundam project mecha head helmet, gundam mecha（一个高达项目机甲头盔的特写图像，机甲效果），生成的效果如图 6.54 所示。

图 6.53　　　　　　　　　　　　　　　　　　图 6.54

6.5.9　Mechanic（机械效果）

提示词：the operator inspects the equipment on the factory floor, with a toolbox in his hand, and carefully repairs the machine（操作员手里拿着一个工具箱，在工厂车间检查设备，并仔细修理机械），生成的效果如图 6.55 所示。

　　提示词：a photo of a female mechanic, standing with her arms folded on the right side of the picture, the modern and professional workshop must be behind her and blurry（一张女机械师的照片，她双臂交叉站在照片的右侧，现代化的专业车间在她的身后），生成的效果如图 6.56 所示。

图 6.55

图 6.56

6.6　产品的质感描述

　　产品的质感描述是指对产品摄影中物体表面的纹理、光泽、透明度等视觉特征的描述。这些特征可以帮助读者更好地理解和感受产品的真实感。以下是一些常见的插画质感描述。

6.6.1　Iridescent（虹彩薄膜）

　　提示词：a car, iridescent（一辆汽车，虹彩薄膜），生成的效果如图 6.57 所示。

图 6.57

提示词：a cartoon of a girl in a silver outfit, iridescent（一个穿着银色服装的女孩的卡通形象，虹彩薄膜），生成的效果如图 6.58 所示。

图 6.58

6.6.2　Transparent Vinyl（透明乙烯基）

提示词：fashionistas walk the streets in fashionable clothes, transparent vinyl（时尚人士穿着时髦的衣服走在街上，透明乙烯基），生成的效果如图 6.59 所示。

图 6.59

提示词：a flying car made of plastic bottles, highlight color contrast photography, transparent vinyl（塑料瓶质感的车，突出彩色对比，透明乙烯基），生成的效果如图 6.60 所示。

图 6.60

6.6.3　Futuristic（未来主义）

提示词：beautiful models catwalking and wearing couture jeans and coats, designed by a futuristic（美丽的模特走秀，穿着由未来派设计师设计的高级牛仔裤和外套），生成的效果如图 6.61 所示。

图 6.61

提示词：an abstract of an modern designed, futuristic room of 2050（未来主义房间，2050 年设计），生成的效果如图 6.62 所示。

图 6.62

6.6.4　Leather（皮革效果）

提示词：a close-up of a vintage camera with a leather strap（一个老式相机与皮具的特写），生成的效果如图 6.63 所示。

图 6.63

提示词：the tough guy wears a leather coat, carries a motorcycle helmet（那个硬汉穿着皮大衣，戴着摩托车头盔），生成的效果如图 6.64 所示。

图 6.64

6.6.5　Concrete（混凝土效果）

提示词：an original shoe style made with concrete（用混凝土制成的原始的鞋子样式），生成的效果如图 6.65 所示。

提示词：bmw coupe sculpture chiseled out of a block of concrete（宝马双门跑车雕塑用混凝土雕刻而成），生成的效果如图 6.66 所示。

图 6.65

图 6.66

6.6.6　Coal（煤炭效果）

提示词：a car made of black black coal（用黑煤制成的汽车），生成的效果如图 6.67 所示。

提示词：the black swan is swimming, coal（黑天鹅游泳，黑煤风格），生成的效果如图 6.68 所示。

图 6.67   图 6.68

6.6.7　Newspaper（报纸效果）

提示词：an original shoe style made with concrete（报纸印花风格的服装，在风格上表现得夸张、细腻），生成的效果如图 6.69 所示。

图 6.69

提示词：a zebra in street clothes and glasses is reading a newspaper（一匹斑马穿着便服，戴着眼镜，正在看报纸），生成的效果如图 6.70 所示。

图 6.70

6.6.8　Silk（丝绸效果）

提示词：printed silk fabric, product photography, realistic（真丝印花面料，产品摄影，逼真），生成的效果如图 6.71 所示。

提示词：hand-embroidered silk scarves, high resolution（手绣丝巾，高分辨率），生成的效果如图 6.72 所示。

图 6.71

图 6.72

6.6.9　Plastic（塑料效果）

提示词：a sculpture made of plastic materials, representing the concept of sustainability and environmental awareness（塑料材料制成的雕塑，代表了可持续发展和环保意识的概念），生成的效果如图 6.73 所示。

图 6.73

提示词：incorporate design that showcases the material of the bag being made from recycled plastic bags（产品设计，展示材料的袋子是塑料袋），生成的效果如图 6.74 所示。

图 6.74

6.6.10　Diamond（钻石效果）

提示词：sports cricket helmet pendant in gold and diamond, no background（运动板球头盔吊坠，黄金和钻石，没有背景），生成的效果如图 6.75 所示。

提示词：a high-tech smartphone, side view, diamond（高科技智能手机，侧视图，钻石），生成的效果如图 6.76 所示。

图 6.75　　　　　　　　　　　　　　　　图 6.76

6.6.11　Knitted（针织效果）

提示词：there are many lions and zebras on the african savanna, knitted style, 64K, high resolution（非洲大草原上有许多狮子和斑马，针织风格，64K，高分辨率），生成的效果如图 6.77 所示。

提示词：a vintage camera, knitted style, 32K, high resolution（老式相机，针织风格，32K，高分辨率），生成的效果如图 6.78 所示。

图 6.77　　　　　　　　　　　　　　　　图 6.78

6.6.12　Ceramics（陶瓷效果）

提示词：creative ceramics, interior design（创意陶瓷，室内设计），生成的效果如图 6.79 所示。

提示词：a car whose body is made up of ceramics of different shapes, each with a different color and texture（车身由不同形状的陶瓷制成，每种陶瓷都有不同的颜色和质地），生成的效果如图 6.80 所示。

图 6.79

图 6.80

6.7 电商产品背景反推

在设计电商效果图时，素材准备阶段往往是最耗费时间的，包括拍摄产品照片，有时还需要请模特来拍摄真人图，以及购买或拍摄氛围图所需的素材。有了 Midjourney 的帮助，除了产品拍摄暂时无法被取代，其他素材基本都可以交给 AI 来完成。下面来看一些实例。

6.7.1 用 Photoshop 配合 AI 辅助设计背景

本例的制作思路如下：首先要拿到商家的产品设计白底正面图，如图 6.81 所示；然后根据这个产品的特点构思一个场景并写出英文描述语；最后用 Midjourney 生成一系列想要的背景。用这个背景和产品图进行混合，并使用 Photoshop 进行修图，如图 6.82 所示。

图 6.81

图 6.82

（1）在输入框中输入 /imagine，将本例的英文描述 Create a high end photoshoot of an dropper bottle with no label, no text, modern 2023 product photography,high end 8K hyper realistic, teal lighting（创建一个没有标签的滴管瓶高端照片，没有文字，现代 2023 年产品摄影，高端 8K 超现实，青绿色照明）粘贴到命令行中。按 Enter 键发送，生成的效果如图 6.83 所示。

（2）单击 U 按钮，放大想要的图片。单击 Vary (Region) 按钮，框选滴管瓶区域，修改描述词为 no bottle（没有瓶子），如图 6.84 所示。

图 6.83　　　　　　　　　　　　　　　图 6.84

（3）单击 ➤ 按钮发送，出图效果如图 6.85 所示（尽可能只留下背景），第三幅图比较满意，将其保存。

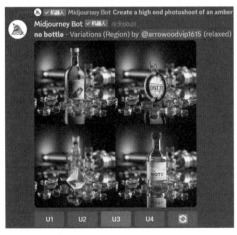

图 6.85

（4）在输入框中输入 /blend，上传两幅图到 image1 和 image2 的位置，如图 6.86 所示（一幅是白底产品图，另一幅是上一步骤保存的背景图）。

（5）混合前单击"增加"按钮后，还会弹出设置图像比例的 dimensions 指令。单击 dimensions 按钮，会弹出 3 个比例的选项。选择 Square（正方形）选项，如图 6.87 所示。

图 6.86

图 6.87

（6）按 Enter 键，就可以将这两张图混合在一起，效果如图 6.88 所示。从中选择一幅比较接近的图进行保存，接下来到 Photoshop 中进行合成。

图 6.88

（7）打开 Photoshop 软件，新建图层，将白底产品图放到新图层上，使其叠加到上一步保存的背景合成图上方。

（8）用 ✐（魔棒工具）选择产品图的白底，按 Delete 键将白底删除，如图 6.89 所示，观察图片，产品图没有完全遮挡住原来的香水瓶，需要手工将背景的香水瓶涂抹掉。

图 6.89

（9）单击产品图层的 ◉ 图标，先将该图层隐藏，单击 ✿（修补工具），框选背景图上的瓶体区域，进行背景修补，如图 6.90 所示。

图 6.90

（10）将上一步隐藏的产品图层显示出来，观察产品图是否完全遮挡住了原来的区域，并用 ✿（修补工具）对背景进行仔细修补，最终效果如图 6.91 所示。作为一幅产品效果图，要清楚一点，AI 无法准确地生成已有产品的合成图，只能用这种方法生成先概念图，再用 Photoshop 进行手工合成。

图 6.91

6.7.2 用垫图方法辅助设计背景

如果在网络上找到了一张素材，并希望使用 Midjourney 生成类似的场景图，可以按照以下步骤进行操作：首先使用 Midjourney 生成提示词，这些提示词将帮助我们描述我们想要生成的场景图的特征和风格；接下来使用 /imagine 命令生成与素材风格非常相似的场景图。在命令中，需要提供之前生成的提示词作为参数，以便 Midjourney 能够理解我们的要求。这将为我们的创作提供更多灵感和可能性。

（1）从网上找到一幅满意的素材图，在 Photoshop 中将该图片打开，框选产品部分，如图 6.92 所示。

图 6.92

（2）单击 🌼（修补工具），移动效果图上框选的产品到黑色背景区域，将产品抹掉，保存该图片，如图 6.93 所示。

图 6.93

（3）在输入框中输入 /describe，在 image 输入框中上传图像（可以直接将图像拖入输入框中）， 如图 6.94 所示。

（4）按 Enter 键上传后，Midjourney 会根据给的图片反推出 4 组完整的提示词，如图 6.95 所示。

图 6.94

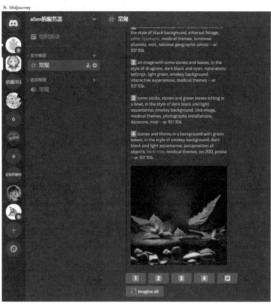

图 6.95

（5）下方的 [1] [2] [3] [4] 数字代表 4 条关键词，单击相应的按钮即可用该条关键词生成图片，单击 🔄 按钮，可以重新反推生成 4 条新的关键词。也可以用"垫图 + 反推词"生成背景，如图 6.96 所示。

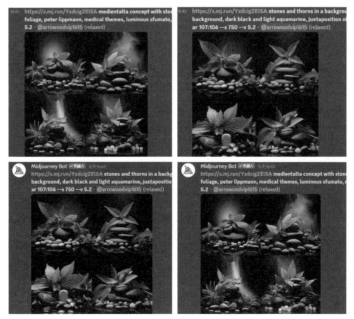

图 6.96

（6）由此可以看到，用"垫图＋反推词"的方法可生成与原图更加接近的图形，如图 6.97 所示。

图 6.97